东南土木·青年教师·科研论丛

厌氧微生物修复多氯联苯污染:从美国到中国

许 妍 著

中央高校基本科研业务费专项资金资助

东南大学出版社
SOUTHEAST UNIVERSITY PRESS
·南京·

内 容 提 要

本书共分七章,分别是绪论、格拉斯河沉积物柱的微生物群落和多氯联苯、多氯联苯在哈德逊河和格拉斯河沉积物中的脱氯研究、硫酸根对哈德逊河和格拉斯河沉积物中多氯联苯脱氯的影响、三价铁对哈德逊河和格拉斯河沉积物中多氯联苯脱氯的影响、多氯联苯在中国太湖沉积物中的脱氯研究、结论与展望。

本书可供市政工程、环境工程、环境科学以及相关专业的研究人员参考使用。

图书在版编目(CIP)数据

厌氧微生物修复多氯联苯污染:从美国到中国/
许妍著. —南京:东南大学出版社,2016.9
　(东南土木青年教师科研论丛)
　ISBN 978-7-5641-6773-8

　Ⅰ.①厌… Ⅱ.①许… Ⅲ.①微生物-应用-二
氯联苯胺-环境污染-污染防治 Ⅳ.①X781.2

中国版本图书馆 CIP 数据核字(2016)第 236687 号

厌氧微生物修复多氯联苯污染:从美国到中国

著　　　者	许　妍
责任编辑	丁　丁
编辑邮箱	d. d. 00@163. com

出版发行	东南大学出版社
社　　　址	南京市四牌楼 2 号　邮编:210096
出 版 人	江建中
网　　　址	http://www. seupress. com
电子邮箱	press@seupress. com
经　　　销	全国各地新华书店
印　　　刷	江苏凤凰数码印务有限公司
版　　　次	2016 年 9 月第 1 版
印　　　次	2016 年 9 月第 1 次印刷
开　　　本	787 mm×1 092 mm　1/16
印　　　张	9.5
字　　　数	151 千
书　　　号	ISBN 978-7-5641-6773-8
定　　　价	39.00 元

序

作为社会经济发展的支柱性产业，土木工程是我国提升人居环境、改善交通条件、发展公共事业、扩大生产规模、促进商业发展、提升城市竞争力、开发和改造自然的基础性行业。随着社会的发展和科技的进步，基础设施的规模、功能、造型和相应的建筑技术越来越大型化、复杂化和多样化，对土木工程结构设计理论与建造技术提出了新的挑战。尤其经过三十多年的改革开放和创新发展，在土木工程基础理论、设计方法、建造技术及工程应用方面，均取得了卓越成就，特别是进入 21 世纪以来，在高层、大跨、超长、重载等建筑结构方面成绩尤其惊人，国家体育场馆、人民日报社新楼以及京沪高铁、东海大桥、珠港澳桥隧工程等高难度项目的建设更把技术革新推到了科研工作的前沿。未来，土木工程领域中仍将有许多课题和难题出现，需要我们探讨和攻克。

另一方面，环境问题特别是气候变异的影响将越来越受到重视，全球性的人口增长以及城镇化建设要求广泛采用可持续发展理念来实现节能减排。在可持续发展的国际大背景下，"高能耗""短寿命"的行业性弊病成为国内土木界面临的最严峻的问题，土木工程行业的技术进步已成为建设资源节约型、环境友好型社会的迫切需求。以利用预应力技术来实现节能减排为例，预应力的实现是以使用高强高性能材料为基础的，其中，高强预应力钢筋的强度是建筑用普通钢筋的 3～4 倍以上，而单位能耗只是略有增加；高性能混凝土比普通混凝土的强度高 1 倍以上甚至更多，而单位能耗相差不大；使用预应力技术，则可以节省混凝土和钢材 20%～30%，随着高强钢筋、高强等级混凝土使用比例的增加，碳排放量将相应减少。

东南大学土木工程学科于 1923 年由时任国立东南大学首任工科主任的茅以升先生等人首倡成立。在茅以升、金宝桢、徐百川、梁治明、刘树勋、方福森、胡乾善、唐念慈、鲍恩湛、丁大钧、蒋永生等著名专家学者为代表的历代东大土木人的不懈努力下，土木工程系迅速壮大。如今，东南大学的土木工程学科以土木工程学院为主，交通学院、材料科学与工程学院以及能源与环境学院参与共同建设，目前拥有4位院士、6位国家千人计划特聘专家和4位国家青年千人计划入选者、7位长江学者和国家杰出青年基金获得者、2位国家级教学名师；科研成果获国家技术发明奖4项，国家科技进步奖20余项，在教育部学位与研究生教育发展中心主持的2012年全国学科评估排名中，土木工程位列全国第三。

近年来，东南大学土木工程学院特别注重青年教师的培养和发展，吸引了一批海外知名大学博士毕业青年才俊的加入，8人入选教育部新世纪优秀人才，8人在35岁前晋升教授或博导，有12位40岁以下年轻教师在近5年内留学海外1年以上。不远的将来，这些青年学者们将会成为我国土木工程行业的中坚力量。

时逢东南大学土木工程学科创建暨土木工程系（学院）成立90周年，东南大学土木工程学院组织出版《东南土木青年教师科研论丛》，将本学院青年教师在工程结构基本理论、新材料、新型结构体系、结构防灾减灾性能、工程管理等方面的最新研究成果及时整理出版。本丛书的出版，得益于东南大学出版社的大力支持，尤其是丁丁编辑的帮助，我们很感谢他们对出版年轻学者学术著作的热心扶持。最后，我们希望本丛书的出版对我国土木工程行业的发展与技术进步起到一定的推动作用，同时，希望丛书的编写者们继续努力，并挑起东大土木未来发展的重担。

东南大学土木工程学院领导让我为本丛书作序，我在《东南土木青年教师科研论丛》中写了上面这些话，算作序。

中国工程院院士：吕志涛

2013.12.23.

前　言

　　多氯联苯(Polychlorinated Biphenyls,简称 PCBs)作为典型的持久性有机污染物,其在环境中的转化归趋备受关注。其中,沉积物既被认为是多氯联苯主要的汇,也被认为是水体中多氯联苯重要的源。因而,多氯联苯污染沉积物的修复成为研究的热点和难点。在沉积物中多氯联苯可以通过微生物催化实现脱氯降解。微生物降解相对于化学、物理修复方法有价格低廉、环境负面影响少等优势。然而该降解方式受生物地球化学因素的影响机制尚不明晰。降解特征的时空差异性较大。本书首先从美国纽约州格拉斯河柱状沉积物中获得天然微生物降解多氯联苯的证据,再分别以美国、中国三种典型沉积物为研究对象,考察常见生物地球化学因素对多氯联苯脱氯降解的影响,通过跟踪监测探寻不同生物地球化学条件下多氯联苯降解速率、效果和路径等的变化规律和脱氯相关微生物的响应情况,综合评价多氯联苯微生物厌氧脱氯降解效果,为监测自然衰减法原位修复多氯联苯污染沉积物提供科学依据和技术支持。

　　本书介绍了沉积龄超过 40 年的格拉斯河柱状沉积物中多氯联苯和微生物的分布情况,发现多氯联苯微生物脱氯现象在沉积物柱中普遍存在,并且随沉积时间的增长多氯联苯的脱氯程度升高;同时首次找到了多氯联苯脱氯相关细菌在柱状沉积物中存在的证据。研究结果支持了多氯联苯的自然降解理论,有助于实现脱氯微生物对多氯联苯脱氯降解效果的预测。随后,本书着重介绍了碳源、竞争电子受体等对美国的哈德逊河、格拉斯河和中国的太湖沉积物中多氯联苯脱氯的影响,发现脱氯速率、程度和路径受沉积物生物地球化学性质控制,可以考虑通过适当改变沉积物的生物地球化学性质来实现多氯联苯的天然微生物降解的强化。

　　实现微生物原位修复一直是水污染治理所追求的目标之一。本书选择两个国家三种典型沉积物进行天然微生物降解多氯联苯的研究以获得数据支

1

持。由于作者的学术见识有限，本书的许多观点论证尚不够严密，疏漏在所难免，敬请各位读者、同行批评指正。

本书是在作者博士论文的基础上补充完善而来的，该论文是在美国卡内基梅隆大学 Jeanne VanBriesen 教授和 Kelvin Gregory 教授的指导下完成的，受到美国国防部（Department of Defense）环境策略与发展项目和美国铝业公司（ALCOA）的支持，博士论文曾获得卡内基梅隆大学土木与环境工程系 2012 年度最佳博士论文奖（Mao Yisheng Outstanding Dissertation Award），作者是自该奖项设立后第二位获奖的中国人。中国太湖部分的研究内容得到了国家自然科学基金（项目号：41301546）的支持，东南大学土木工程学院硕士研究生陈曦、周亚子、刘莎承担了野外和实验室实验及数据处理工作。傅大放教授、秦庆东副教授指导了该书的写作。在此，深表感激。

本书中参考了国内外众多知名专家学者的论文和著作，在此表示深深的谢意！但是难免仍会有遗漏的文献，在此向各位作者表示歉意。

许 妍

2016 年 6 月于东南大学

目　录

第 1 章　绪　论

1.1　多氯联苯概述

多氯联苯(Polychlorinated biphenyls 简称 PCBs)由两个相连的苯环和 10 个可能的取代位上的 1 到 10 个氯原子组成,共包含 209 种单体,经典分子式为 $C_{12}H_{10-n}Cl_n$($n=1$ 到 10)。联苯分子上 10 个氯取代位通常被分成三类:邻位($ortho$,简写为 o)、间位($meta$,简写为 m)和对位($para$,简写为 p)。20 世纪 80 年代以来,研究者提出了多个多氯联苯的命名体系。多氯联苯单体分子命名的差异导致了不同来源的数据难以对比分析。Mills 等人总结归纳了现有的多氯联苯命名体系并以此作为多氯联苯研究中数据对比的依据[1]。本书中使用的多氯联苯命名体系由 Ballschmiter 和 Zell 首先提出[2],其中编号为 199-201 和 107-109 号的多氯联苯曾被修正过[3,4],该编号体系即为国际纯粹和应用化学联合会(IUPAC)现使用的多氯联苯编号。为了避免多种命名体系带来的混淆,研究者常使用用短结构名称方式。多氯联苯结构和命名如图 1.1 所示。209 种多氯联苯单体也可以按照其所含有的氯原子数来分类。分子式相同但氯原子取代位置不同的一类多氯联苯被称为同系物,同系物中的多氯联苯单体即为同分异构体。多氯联苯单体上的氯原子也可以根据其有无相邻取代位上的氯原子,有一个还是两个相邻取代位上的氯原子分成无侧位氯取代(Unflanked,简写为 UF)、单侧氯取代(Single-flanked,简写为 SF)和双侧氯取代(Double-flanked,简写为 DF)三种情况。

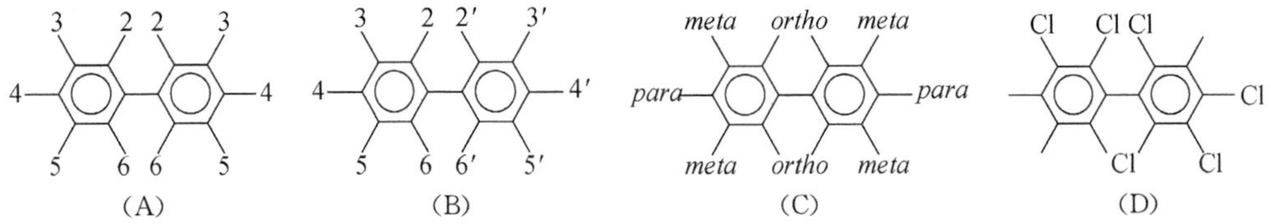

图 1.1 多氯联苯的结构和命名

（A）两个苯环上的碳编号均是从 1 到 6，其中 1 号位碳为联苯键所在的碳。

（B）和（A）不同，把第二个苯环上的碳用 $1'$ 到 $6'$ 来编号。

（C）四个邻位（*ortho*，即 2-,2-,6-,6- 或者 2-,2',6-,6'- 位置），四个间位（*meta*，即 3-,3-,5-,5- 或者 3-,3',5-,5'- 位置）和两个对位（*para*，即 4-,4- 或者 4-,4'- 位置）。

（D）每个多氯联苯分子可以用其分子结构式、短结构名称和国际纯粹和应用化学联合会（IUPAC）编号（1-209）表示。图中单体分子即为 PCB 149（IUPAC 编号），也可以写成 236-245-六氯联苯（236-245-CB）或 $2,2',3,4',5'6$-六氯联苯（$2,2',3,4',5'6$-CB）。

多氯联苯最早于 1881 年于德国人工合成。常温下，多氯联苯单质大多以无色晶体状态存在。但多氯联苯混合物在低温下也不结晶，以油状液体或非结晶树脂形态存在。其各同系物的主要物理化学性质见表 1.1。

表 1.1 多氯联苯同系物的物理化学性质[5]*

同系物	个数	IUPAC#	熔点(℃)	蒸汽压(Pa)	溶解度(g/m³)	LogKow	蒸发速度(g/m²hr(25℃))
一氯	3	1—3	25～78	1.1	4	4.7	0.25
二氯	12	4—15	24～149	0.24	1.6	5.1	0.065
三氯	24	16—39	18～87	0.054	0.65	5.5	0.017
四氯	42	40—81	47～180	0.012	0.26	5.9	4.2×10^{-3}
五氯	46	82—127	76～124	2.6×10^{-3}	0.099	6.3	1.0×10^{-3}
六氯	42	128—169	77～150	5.8×10^{-4}	0.038	6.7	2.5×10^{-4}
七氯	24	170—193	122～149	1.3×10^{-4}	0.014	7.1	6.2×10^{-5}
八氯	12	194—205	159～162	2.8×10^{-5}	5.5×10^{-3}	7.5	1.5×10^{-5}
九氯	3	206—208	183～206	6.3×10^{-6}	2.0×10^{-3}	7.9	3.5×10^{-6}
十氯	1	209	306	1.4×10^{-6}	7.6×10^{-3}	8.3	8.5×10^{-7}

*：数据部分来源于美国 California Regional Water Quality Control Board San Francisco Bay Region，2001

由于多氯联苯在化学稳定性、热稳定性、疏水性、阻燃性、绝缘性上都有着卓越表现，从 1929 年开始的半个世纪中被广泛用做变压器油、稳定剂等。在 209 种多氯联苯单体分子中约有一半出现在商业多氯联苯产品中，这些产品包括美国 Monsanto 公司的 Aroclor 和 Pyroclor 系列,意大利 Caffaro 公司的 Fenclor 系列,德国 Bayer 公司的 Clopen 系列和日本 Kanegafuchi 公司的 Kanechlor 系列。其中美国的 Aroclor 系列产品生产最早,产量最大,是应用最为广泛的多氯联苯商品。Aroclor 混合物名称一般跟有一个四位数代码。数字的前二位数是 10 或 12,数字 12 表示正常的 Aroclor,而数字 10 则表示是一种 Aroclor 的蒸馏产品,仅含有一氯至六氯代的多氯联苯。后二位数表示氯在混合物中所占的质量百分比。如 Aroclor 1248 表示该多氯联苯混合物中每个分子含有 12 个碳原子,氯占总分子量的 48%。Frame 等[6] 对常见的 Aroclor 产品中的多氯联苯进行了单体分析,其各同系物的质量百分比组成总结于表 1.2。

表 1.2　Aroclor 产品中各种同系物的质量百分比组成

同系物	分子式	分子量	Aroclor 系列产品							
			1221	1232	1016	1242	1248	1254	1260	1262
一氯	$C_{12}H_9Cl_1$	188.66	60.05	27.64	0.71	0.75	0.05	0.02	0.02	0.04
二氯	$C_{12}H_8Cl_2$	223.10	33.38	26.84	17.64	15.04	1.00	0.16	0.10	0.22
三氯	$C_{12}H_7Cl_3$	257.55	4.20	25.53	54.64	44.89	21.63	0.81	0.19	0.73
四氯	$C_{12}H_6Cl_4$	291.99	1.89	16.87	26.59	32.53	55.62	17.30	0.46	0.60
五氯	$C_{12}H_5Cl_5$	326.44	0.48	2.95	0.56	6.44	19.79	55.53	8.59	3.13
六氯	$C_{12}H_4Cl_6$	360.88	0.00	0.20	0.00	0.32	1.81	24.40	43.36	27.36
七氯	$C_{12}H_3Cl_7$	395.33	0.00	0.02	0.00	0.00	0.48	2.03	38.54	47.91
八氯	$C_{12}H_2Cl_8$	429.77	0.00	0.00	0.00	0.00	0.04	8.27	19.61	
九氯	$C_{12}H_1Cl_9$	464.22	0.00	0.00	0.00	0.00	0.00	0.03	0.70	1.71
十氯	$C_{12}Cl_{10}$	498.66	0.00	0.00	0.00	0.00	0.00	0.00	0.00	

然而,20 世纪 60 年代后,研究逐渐发现多氯联苯存在着致畸、致癌、致突变等风险,在微克级别就会对生态环境产生负面影响[7, 8]。目前,多氯联苯已被联合国规划署(UNEP)和美国环保署(USEPA)等列入优先控制污染物黑名单。其中,美国于 1978 年停止了工业多氯联苯的生产。2001 年 5 月,国际社会通过了《关于持久性有机污染物的斯德哥尔摩公约》(简称 POPs 公约),公约规定将于 2025 年全球范围内禁用多氯联苯。然而,据统计,20 世纪全球已生产和使用了大约 130 万 t 的多氯联苯,其中美国生产了约 50%[9](多氯联

苯产量统计见表1.3）。其中，约8万t多氯联苯在70年代就已被证实进入环境[10]。而据保守估算，美国历史上约三分之一的多氯联苯产品是直接排放的[11]。本书所研究的哈德逊河（Hudson River）曾是美国通用电气公司（GE）电容生产厂的多氯联苯排放区，在1947年到1977年的30年中，通用电气公司共排放了约590 t的多氯联苯[12]。本书另一个研究区域，美国格拉斯河（Grasse River）则是由于美国铝业公司（ALCOA）在生产铝制品的过程中大量排放多氯联苯而受到污染。我国曾在60年代中期到80年代初生产了超过1万t多氯联苯（包括三氯联苯约9 000 t，五氯联苯约1 000 t），并进口了大量含多氯联苯的电力电容器等设备，这些多氯联苯的生产和使用集中在东部地区[13, 14]。目前我国境内有超过1 000个混凝土结构的废弃电容储存仓库，几乎所有的仓存都超过了20年的设计寿命，存在很大的泄漏风险[15]。此外，全球约70%的废旧电子产品在中国拆解遗弃，大量含多氯联苯的电容变压器混杂其中随拆解进入当地环境[16]。本书研究的太湖是我国五大淡水湖泊之一，也是无锡、苏州两市的主要饮用水水源地。太湖水体和沉积物中均有检出多氯联苯甚至是高毒性的类二噁英多氯联苯[14, 17, 18]。总之，由于历史上的大量排放、监管不当产生的泄露再加上大气长距离传输和沉降，多氯联苯污染已成为公认的全球性环境问题。

表1.3　世界各国商业多氯联苯生产情况[9]

国家/地区	生产起始年份	生产停止年份	总产量（吨）
美国	1929	1977	641 718
日本	1954	1972	58 787
西德	1930	1984	159 062
法国	1930	1984	134 654
西班牙	1955	1984	29 012
英国	1954	1977	66 542
意大利	1958	1983	31 092
前捷克斯洛伐克	1959	1984	21 482
前苏联	1939	1993	173 800
中国大陆	1965	1979	10 000
全球	1929	1993	1 326 149

1.2 多氯联苯的迁移转化归趋和污染治理

1.2.1 多氯联苯的迁移转化和归趋

多氯联苯进入环境后广泛分布于沉积物、土壤、水体和空气中,并通过食物链在生物体中传递富集。其疏水的特点使得沉积物和土壤中的天然有机质(NOMs)吸附是多氯联苯的主要归趋模式。其中,沉积物被认为是多氯联苯的汇,但吸附了多氯联苯的沉积物颗粒极易受到水文和水生生物扰动造成重悬浮,所以沉积物又被认为是目前环境中重要的多氯联苯源,直接影响水质和水生生态系统[19]。多氯联苯在环境中的迁移、转化和归趋如图 1.2 所示。鉴于沉积物特殊的赋存作用,沉积物多氯联苯污染的修复成为降低生态环境风险和人体健康风险的关键。

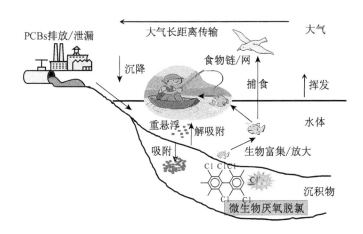

图 1.2 PCBs 在环境中的迁移、转化和归趋示意图

1.2.2 多氯联苯污染治理

目前,PCBs 污染的修复主要有物理途径、化学途径和生物途径三大类。物理途径以清淤(Dredging)和覆盖(Capping)为代表,USEPA 曾在哈德逊河进行修复试点,结果显示,清淤法不仅耗资巨大(2 亿美金),且造成沉积物重

悬浮，直接导致随后几年水体中和鱼体内的多氯联苯浓度大幅度上升；大量清出沉积物的运输、埋存又带来了二次泄漏风险；覆盖法则受气候、水文条件影响较大，长期效果难以保证[20]。化学途径中，高温高压、光催化、金属催化、电化学催化等均可用于多氯联苯的降解[21-23]，但成本高、过程复杂，不适用于大尺度的原位环境修复。20世纪80年代Brown等[24]在对哈德逊河沉积物中多氯联苯的分布进行研究时发现，检测到的多氯联苯较该区域排放的商业多氯联苯含氯量要低，进一步研究证实多氯联苯可以被沉积物中的某些微生物降解，该研究结果发表在《Science》期刊上。USEPA随后提出了监测自然衰减（Monitored natural attenuation，MNA）的概念，认为微生物降解是多氯联苯治理的可能替代途径。

1.3　多氯联苯的微生物降解

在环境中多氯联苯的微生物降解缓慢而显著地进行着。微生物可以降解多氯联苯主要有两大原因：一个是微生物为满足微生物自身生长的需要，直接以多氯联苯为碳源/能量源；另一个是微生物在利用其他有机底物作为碳源/能量源过程中，产生的非专一性酶同时具备降解多氯联苯的作用，微生物的这种代谢机制即为共代谢。目前发现的多氯联苯微生物降解主要通过好氧氧化和厌氧脱氯两种方式完成。

1.3.1　好氧氧化降解

在好氧条件下，微生物通过双加氧酶将O_2加到联苯环上，脱氢生成邻苯二酚，随后打开苯环[25]。一般认为，仅有一氯联苯可以直接作为微生物生长代谢的碳源，其余被好氧降解的多氯联苯均作为共代谢底物而被降解。多氯联苯好氧降解的具体过程如图1.3所示。首先由联苯双加氧（BphA）酶攻击多氯联苯分子（A）的2,3碳健，形成二氢醇（B）混合物；随后，二氢醇在二氢二羟基脱氢酶（BphB）的作用下生成2,3-二羟基-联苯（C）；接着2,3-二羟基-联苯通过2,3-二羟基双加氧酶（BphC）的作用在1,2位置断裂，生成间位开环混合物，主要为2-羟基-6-氧-6-苯-2,4-二烯烃（D）；然后，在水解酶

($BphD$)的作用下,间位开环混合物发生脱水生成相应的氯代苯甲酸(E)以及 2-羟基-2,4-双烯戊酸(F);最后,氯代苯甲酸继续被其他相关微生物降解,2-羟基-2,4-双烯戊酸也可作为相关微生物的碳源/能量源,最终氧化生成 CO_2[26]。

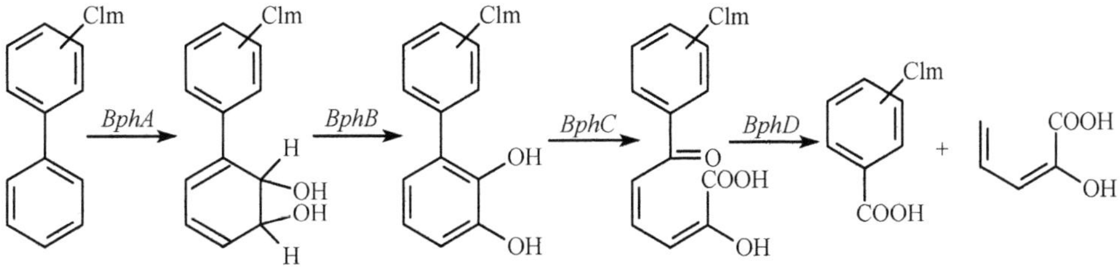

图 1.3 PCBs 微生物好氧氧化过程

注:$BphA$—联苯双加氧酶,$BphB$—二氢二羟基脱氢酶,$BphC$—2,3-二羟基双加氧酶,$BphD$—水解酶; A—多氯联苯,B—二氢醇,C—2,3-二羟基-联苯,D—2-羟基-6-氧-6-苯-2,4-二烯烃,E—氯代苯甲酸,F—2-羟基-2,4-双烯戊酸。

研究发现,多氯联苯的好氧降解与其分子结构关系密切,其中:(1)多氯联苯的氯原子数越多,好氧降解越困难,微生物通常只对含有 1~4 个取代氯的多氯联苯分子起作用;(2)氯原子取代数较少或无氯原子取代的一侧苯环通常优先开环;(3)氯原子的取代发生在相邻位置可以很大程度抑制好氧降解;(4)当邻位取代的氯原子数大于等于 2(一个环上有两个邻位氯或两个环上都各有一个邻位氯)的多氯联苯通常难以降解[25,27,28]。更为重要的是,由于沉积物通常仅有泥-水界面下的几毫米是含 O_2 的,多氯联苯的好氧氧化降解在沉积物中非常有限。

1.3.2 厌氧还原降解

在厌氧条件下,微生物以多氯联苯作为终端电子受体(Electron acceptor,简称 EA)发生还原反应,氢原子取代多氯联苯分子上的氯原子生成较原多氯联苯分子少氯原子的多氯联苯分子或联苯分子,这个反应称为多氯联苯的微生物厌氧还原脱氯(简称微生物脱氯)。其半反应方程式如 1.1 所示。该反应伴随着脱氯而进行,虽然没有破坏苯环结构,但是可以降低多氯联苯的质量浓度和含氯量,从而减轻其环境危害。在厌氧为主导的沉积物环境中,多氯联苯更倾向于通过脱氯的方式降解。与好氧氧化过程不同,厌氧脱氯的具体反应步骤和机理尚不明晰。

245-245-CB, PCB153   245-25-CB, PCB101 $\qquad$ (1.1)

1.4　国内外研究进展

多氯联苯微生物脱氯最早由 Brown 等于 1987 年提出[24]，在当时引起了巨大的争议，脱氯究竟是不是微生物作用导致的，这种脱氯现象是偶然还是普遍存在的[29,30]？随后，美国、意大利、日本、中国台湾、泰国等国家和地区进行了大量的实验室实验和野外实验，结果表明微生物脱氯具有普遍性，不但在受多氯联苯污染的沉积物中存在，在未受到多氯联苯污染的沉积物中也存在；不但在淡水沉积物中存在（如美国的哈德逊河、格拉斯河、伍兹塘、银湖、胡萨托尼克河，日本的诹访湖，台湾的基隆河，泰国曼谷周围的 7 条溪流等），在入海口沉积物（如美国的巴尔的摩港、新百福德港）和海洋沉积物中也存在（如美国的帕洛斯维第斯、意大利的威尼斯潟湖等）[28,31-44]。在国内，Chen 等通过对浙江台州电子垃圾拆卸区附近水稻土中多氯联苯变化的研究认为水稻土缺氧-好氧环境的交替促进了厌氧-好氧微生物对多氯联苯的批次式降解。但国内对沉积物中多氯联苯的微生物脱氯研究尚不多见。已有的研究报道认为多氯联苯的原位降解能力相对于实验室降解能力弱，微生物强化法还很难成功用于原位修复[45,46]。即便如此，经过近 30 年的多氯联苯微生物脱氯研究，人们对脱氯的过程、脱氯相关的微生物、脱氯中起作用的还原脱卤酶，以及物理和地球化学因素（温度、氧化还原电位、营养盐、电子供体、电子受体、环境抑制剂等）对脱氯的影响等方面均取得了一定进展，为监测式自然衰减的实现奠定了基础。

1.4.1　多氯联苯的脱氯路径、模式和历程

多氯联苯的脱氯路径（Pathway）定义为一个氢原子取代一个母体多氯联

苯分子上的一个氯原子生成较原多氯联苯分子少一个氯原子的子代多氯联苯分子的过程。理论上,209 种多氯联苯单体分子共有 840 条脱氯路径[47](见图 1.4)。但在实际化学分析中发现,大部分情况下,间位和对位上的氯原子较容易被取代。邻位脱氯虽然较为困难,也并非完全不能进行,一些研究者曾在实验中观察到邻位脱氯现象[44, 48-52]。

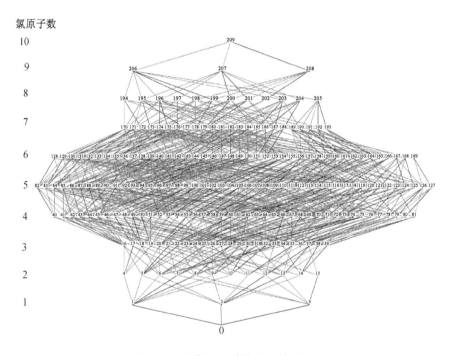

图 1.4　840 条多氯联苯理论脱氯路径

值得注意的是,环境样品中多氯联苯分布类型(Pattern)不是经由某个单一的脱氯路径反应得到的,而是由一系列脱氯路径组合反应得到的[24, 31, 53]。通常把形成某种特定多氯联苯分布类型所包含的所有脱氯路径合称为脱氯历程(Process)。至今共发现 8 组脱氯历程,它们分别是历程 H、H′、M、N、Q、P、LP 和 T[31, 54-58]。表 1.4 总结了 8 组脱氯历程的特征规律。一般来说,环境样品中其他特殊的多氯联苯分布被认为是这 8 组历程中的两个或多个共同作用的结果[31]。8 组脱氯历程中共包含 108 条脱氯路径,其中 71 条脱氯路径在一个以上的脱氯历程中出现[59]。Hughes 等[59]比较发现,8 组脱氯历程所总结的脱氯路径规律和实际观察到的脱氯路径并不完全相符,从而提出了以目标氯原子在联苯上的位置以及其两侧氯原子构型为基础建立分类树(Classification tree)模型来重新描述 8 组脱氯历程。该模型(Classification tree dechlorination process generalizations,简称 CTDPGs)能够更好地拟合环境样品中多氯联苯分布类型,但是涉及的脱氯路径也较原来的 108 个增加了 486个。该模型的可靠性尚需脱氯实验来验证。

表 1.4　脱氯历程及其特征*

历程	涉及路径数	目标氯原子特征	发现地点
H	22	四氯、五氯、六氯和七氯联苯同系物中有侧位氯取代的对位氯原子(34-、245-、345-、2345-)和两侧氯取代的间位氯原子(234-,2346-)	美国哈德逊河
H′	22	二氯、三氯和四氯联苯同系物中有侧位氯取代的对位氯原子(34-、245-、2345-)和有邻位氯取代的间位氯原子(23-、234-)	美国新百德福德 美国哈德逊河
M	17	二氯、三氯和四氯联苯同系物中有侧位氯取代的间位氯原子(23-、34-、234-、236-)和无侧位氯取代的间位氯原子(3-、25-)	美国银河 美国哈德逊河
N	29	五氯、六氯、七氯、八氯和九氯联苯同系物中有侧位氯取代的间位氯原子(234-、236-、245-、2345-、2346-、23456-)	美国银河 美国哈德逊河 美国伍兹塘
Q	22	二氯、三氯和四氯联苯同系物中有侧位氯取代的对位氯原子(34-、245-)、无侧位氯取代的对位氯原子(4-、24-、246-)和有侧位氯取代的间位氯原子(23-)	美国哈德逊河
P	28	四氯、五氯和六氯联苯中有侧位氯取代的对位氯原子(34-、234-、245-、2345-、23456-)	美国伍兹塘
LP	33	有相邻氯的对位氯原子(34-、245-)和无侧位氯取代的对位氯原子(4-、24-、246-),有时还包括有侧位氯取代的间位氯原子(23-、234-、235-)	美国胡萨托尼克河
T	6	七氯和八氯联苯同系物中有侧位氯取代的间位氯原子(2345-)	美国伍兹塘

*:此表修订自文献[52]、[59]、[60]

1.4.2　多氯联苯脱氯微生物

脱氯微生物的存在是多氯联苯厌氧脱氯的前提。由于自然界中原本具有天然的有机氯化合物,在长期的自然选择压力下一些微生物如 *Dehalococcoides*,*Desulfitobacterium* 和部分 δ 变形菌亚门(δ-*proteobacteria*)、ε 变形菌亚门(ε-*proteobacteria*)中的细菌可以利用这些有机氯化合物作为终端电子受体、碳源和(或)能量源进行生长代谢[40, 61, 62]。科学家普遍认为多氯联苯在地球上生产使用的时间仅一百年,这么短的时间难以进化出全新的降解微生物。20 世纪 90 年代 Rhee 等[63]发现未受多氯联苯污染的底泥中的微生物同样具备多氯联苯脱氯能力,并率先提出环境中存在具有普适性的脱氯微生物/脱氯酶的假设。该假设得到 Assafanid 等[64]的支持,他们发现一些过渡金属辅酶如维生素 B12 对多种有机氯化物有脱氯功能。即便不能产生全新的脱氯微生物,多氯联苯的存在仍可以诱导新的多氯联苯单体特异脱氯酶的合成[31, 60, 65]。研究发现,很可能是由于地球化学条件不同,各地的脱氯微生物群落差异很大[31, 38, 63]。因而,脱氯被认为是一系列多氯联苯单体特异和非特异脱氯微生物共同作用的结果[31, 55, 66]。

脱氯微生物在总微生物群落中占的比例通常极低(<1%),鉴别和分离的难度较大[67]。近十几年来,非培养微生物基因指纹图谱技术和克隆技术的应用有效地解决了鉴别难的问题。首个鉴别出的多氯联苯脱氯菌被命名为 ortho-17(o-17),它能够脱去 PCB 65 (2356-CB)上的邻位氯原子[51, 68]。一年后,第二种多氯联苯脱氯菌 Dehalobium chlorocoercia strain DF-1 被发现可以催化脱去 PCB 61(2345-CB)上有双侧氯取代的氯原子[34, 69]。到 2008 年,DF-1 被成功分离但必须有硫还原菌 Desulfovibrio spp. 作为共生菌存在[70]。Dehalococcoides Dehalococcoides mccartyi strain 195(曾用名 Dehalococcoides ethenogenes strain 195)也是一种被成功分离的多氯联苯脱氯菌菌株,其作用和 Dehalobium chlorocoercia strain DF-1 类似,可以脱去有双侧氯取代的间位或对位氯原子[61]。除了以上 3 种多氯联苯单体特异性强的脱氯菌外,随后又发现一种可以作用于商业产品 Aroclor 1248 和 Aroclor 1260 中 43 个多氯联苯单体分子的脱氯菌 Dehalococcoides mccartyi strain CBDB1(曾用名 Dehalococcoides sp. strain CBDB1),其脱氯历程基本符合历程 H 的特征,说明单一脱氯菌也可能含有多种不同的脱氯酶[66]。此外在对美国巴尔的摩港沉积物微环境的研究中还同时发现了 3 种脱氯系统型微生物 DEH10、SF1 和 SF2,其中 DEH10 和 Dehaloccoides mccartyi 高度相似,SF1 和 o-17/DF-1 相似,SF2 则和 o-17 完全一致[39]。这 3 种系统型微生物可以实现对 Aroclor 1260 广泛脱氯,DEH10 作用于有侧位氯取代的间位氯原子,SF1 作用于双侧氯取代或有邻位氯取代的间位氯原子,SF2 作用于双侧氯取代的间位氯原子和邻位氯原子[39]。近五年来,科学家又发现了 4 个新的脱氯菌株。它们是 Dehalococcoides mccartyi strain CG-1,CG-4,CG-5 和 JNA[71-73]。CG-1 可以脱去有双侧氯取代的间位氯原子;CG-4 优先脱有侧位氯取代的对位氯原子,其次是有侧位氯取代的间位氯原子;CG-5 则广泛作用于有侧

位氯取代的间位和对位氯原子；JNA 则被发现其作用是脱去 Aroclor 1260 上有侧位氯取代的间位氯原子，完全符合脱氯历程 N 的特征，这也是首次发现一个纯菌可以独立完成环境中特定的脱氯历程。

由进化树分析发现，上述脱氯菌均属于绿弯菌门并在其中位于两个不同的组：组三包含了 o-17/DF-1，组二包含了 *Dehalococcoides mccartyi* 各菌株[45]。再把 *Dehalococcoides mccartyi* 所在的组根据其 16S rRNA 基因 V2 和 V6 区的差异细分，得到 Cornell、Victoria 和 Pinellas 三个亚组[74]。上文提到的菌株 195 和 CBDB1 被分别划分到 Cornell 亚组和 Pinellas 亚组中。也就是说，16S rRNA 基因的差异有可能是脱氯菌脱氯行为各不相同最本质的原因。然而，大量研究也发现，*Dehalococcoides* 属细菌的 16S rRNA 基因相似度非常高（>98%），很难用 16S rRNA 基因序列的差异来全面解释众多氯代有机物多种多样的脱氯行为，因而，科学家开始关注还原脱卤酶（Reductive dehalogenase，RDH)[75-77]。

1.4.3 还原脱卤酶

Dehalococcoides mccartyi strain 195 中有 17 种还原脱卤酶基因，其中的 14 种与 *Dehalococcoides mccartyi* strain CBDB1，*Dehalococcoides mccartyi* strain BAV1 和 *Dehalococcoides mccartyi* strain FL2 的脱卤酶基因高度相关，但却没有完全相同的脱卤酶基因[78]。这个发现可以解释多氯联苯脱氯路径和历程的多样性[77]。此前，科学家已发现还原脱卤酶基因 *tceA*、*bvcA* 和 *vcrA*，它们分别调控三氯乙烯（TCE）脱氯生成氯乙烯（VC），VC 到乙烯以及 TCE 直接脱氯生成乙烯的反应并成功运用定量 PCR 的方法将这三个还原脱卤酶基因进行定量[77]。自此启发下，Park[40] 等研究了 12 个在 *Dehalococcoides mccartyi* strain 195 和 CBDB1 中共同存在的脱卤酶，结果显示其中的两个脱卤酶基因 RDH04 和 RDH05（均源自 Pinellas 亚组）在所关注的多氯联苯沉积物微环境中起到显著作用，同时也发现多氯联苯体系中如果存在降解诱导物如四氯苯，这两种脱氯酶将丧失活性，但如果降解诱导物为五氯苯则继续保持脱氯活性。常见的还原脱卤酶基因的 PCR 引物如表1.5 所示。总之，脱卤酶是影响多氯联苯降解的最直接因素，其作用特点和规律尚有待深入探讨。

表 1.5　还原脱卤酶基因引物 *

引物	序列 (5'-3')	目标基因	长度
TceA1270F TceA1336R	ATCCAGATTATGACCCTGGTGAA GCGGCATATATTAGGGCATCTT	*tceA*	67 bp
Vcr1022F Vcr1093R	CGGGCGGATGCACTATTTT GAATAGTCCGTGCCCTTCCTC	*vcrA*	72 bp
Bvc925F Bvc1017R	AAAAGCACTTGGCTATCAAGGAC CCAAAAGCACCACCAGGTC	*bvcA*	93 bp
RDH01F RDH01R	TGGCTTATGGCTGTTCCAA TATCTCCAGGGAGCCCATTC	DET0180 cbdb_A187	148 bp
RDH02F RDH02R	GCCGAATTCTGCCCTGT CAGRRARCCATARCCAAAGG	DET0235 cbdb_A243	281 bp
RDH03F RDH03R	CAAGATGGATAGGCCTGCAT ATGGTGCTATCCTGACCGAG	DET0302 cbdb_A238	192 bp
RDH04F RDH04R	GATGATACGATTTATGGCAATC CCRAACGGGAARTCTTCTTC	DET0306 cbdb_A1495	215 bp
RDH05F RDH05R	AAGGATATCAAGTCCAGTATCC ATACCTTCRAGCGGCCARTAT	DET0311 cbdb_A1495	215 bp
RDH06F RDH06R	CACCCCGGTTCGTTCATACA AGTCATCCACTTCRTCCCAC	DET0318 cbdb_A1588	102 bp
RDH07F RDH07R	TGTCCGGCACTCTTAAACC GCYGCCGCYGGCAGTTACTG	DET1171 cbdb_A1092	200 bp
RDH08F RDH08R	GGAAAGGCCATCATCAAAC GTCTTRCMGGRGTAACCYTG	DET1519 cbdb_1575	184 bp
RDH09F RDH09R	GGTGAGATTTAAAATTGTTGGC CTGGGTGCGGTWGCCGCAKC	DET1522 cbdb_A1570	136 bp
RDH10F RDH10R	TCCTGAGCCGACAGGGT TTTCATTCMACACTYTCMCG	DET1535 cbdb_A1595	233 bp
RDH11F RDH11R	ATTTACCCTGTCCCATCC TTTCACASTAGYCTKAGCCGMAG	DET1538 cbdb_1627	235 bp
RDH12F RDH12R	GCCCGTCATGGCGTTCCATC GAGCAAGTTTCATTCMATGG	DET1545 cbdb_1638	187 bp

* :此表修订自文献[40]、[77]

1.4.4　脱氯的影响因素

多氯联苯厌氧脱氯的速率、脱氯程度和脱氯历程等受到多种物理和地球化学因素的影响,其中研究较多的有温度、pH 和氧化还原水平、碳源、电子供体、电子受体以及抑制物等。

温度不仅决定了多氯联苯在各相之间的迁移分配,更控制了脱氯反应动力学[60]。Tiedje 和 Wu 等[50,57,79-81]研究总结了 4℃～66℃之间的 18 个不同反应温度下的多氯联苯降解规律(见表 1.6)。对比美国沙溪自然中心塘和伍兹塘沉积物中 PCB 62 (2346-CB)的脱氯降解发现，伍兹塘中的脱氯速率和脱氯程度均高于沙溪自然中心塘。对于间位脱氯，在伍兹塘中，脱氯在 8℃～34℃和 50℃～60℃两个温度范围内均可进行；而在沙溪自然中心塘中，脱氯仅在 12℃～34℃较窄的温度范围内发生，最优温度为 30℃。对于对位脱氯，在伍兹塘中，该脱氯反应发生在 18℃～34℃范围内，最优温度为 20℃；而在沙溪自然中心塘中，对位脱氯发生在 18℃～30℃范围内，最优温度在 30℃。邻位脱氯仅在伍兹塘里可以发生，反应温度在 8℃～30℃。反应路径分析显示，温度不仅影响脱氯的速率也改变了脱氯的偏好(Dechlorination preference)：在除了 18℃和 34℃之外的反应温度下，间位脱氯(2346-CB 到 246-CB)较对位脱氯(2346-CB 到 236-CB)有显著优势；无侧位氯取代的对位脱氯路径(246-CB 到 26-CB)只在 15℃～30℃范围内出现；而邻位脱氯路径(246-CB 到 24-CB)仅在伍兹塘 15℃～30℃的范围内出现，且以 15℃的反应最为明显。随后，在对伍兹塘中残留的多氯联苯混合物 Aroclor 1260 降解研究中发现，温度同时改变反应速率和反应历程。8℃～30℃ 时以历程 N(间位脱氯)为主导；12℃～34℃范围内以历程 P(对位脱氯)为主，且温度越高反应速率越快；18℃～30℃范围内也有历程 LP(无侧位氯取代的对位脱氯)存在；在 50℃～60℃的高温条件下脱氯沿历程 T(2345-上的间位氯)进行。Tiedje 等[79]发现在哈德逊河中，温度低于 12℃或高于 37℃均无多氯联苯脱氯发生。也就说，冬季低温下脱氯降解停止。同时考虑共代谢底物和温度的影响，人们一般认为，温度可能是通过改变不同脱氯菌种的生长速率或脱氯酶的活性来影响脱氯行为的。

表 1.6　温度对脱氯的影响*

沉积物	母体 PCBs	产物或历程	温度(℃)	相对速率
美国沙溪自然中心塘	2346-CB	246-CB,236-CB,26-CB	12～34	高：30℃ 低：<30℃
美国沙溪自然中心塘	246-CB	26-CB (无侧位氯取代的对位脱氯)	15～30	
美国伍兹塘	2346-CB	246-CB,236-CB,26-CB, 24-CB,2-CB,4-CB	12～34 50～60	高：20～34℃ 低：<20℃
美国伍兹塘	2346-CB	246-CB (有双侧位氯取代的间位脱氯)	12～34 50～60	低：18℃ 和 30℃
美国伍兹塘	246-CB	26-CB (无侧位氯取代的对位脱氯)	15～30	

续表 1.6

沉积物	母体 PCBs	产物或历程	温度(℃)	相对速率
美国伍兹塘	Aroclor 1260	历程 N(有侧位氯取代的间位脱氯)	8~30	
美国伍兹塘	Aroclor 1260	历程 P(有侧位氯取代的对位脱氯)	12~34	高:34℃ 中:22~30℃ 低:12~20℃
美国伍兹塘	Aroclor 1260	历程 LP(无侧位氯取代的对位脱氯)	18~30	
美国伍兹塘	Aroclor 1260	历程 T(七氯和八氯联苯同系物中有侧位氯取代的间位氯原子(2345-))	50~60	
美国哈德逊河	Aroclor 1242	间位脱氯产物>对位脱氯产物	12~25	高:12℃ 低:25℃

*:此表修订自文献[50]、[57]、[79-81]

　　pH 也是可以影响多氯联苯微生物脱氯的重要因素,尽管在 pH 5~pH 8 的范围内多氯联苯脱氯都能够进行,但最大速率都出现在典型沉积物 pH 7~pH 7.5 范围之间,除了速率,脱氯位置也和 pH 有一定关系,对位脱氯发生在 pH 6~pH 8 之间;邻位脱氯在 pH 6~pH 7.5 范围内进行;仅有间位脱氯受 pH 影响较少[82]。pH 影响脱氯的原因可能有以下三个:(1)pH 改变多氯联苯在沉积物介质上的吸附行为,从而影响多氯联苯的生物利用性[83];(2)pH 改变微生物菌群结构;(3)pH 直接影响反应自由能和氧化还原电位(ORP)。通常,低氧化还原电位有利于多氯联苯脱氯,因而,我们所观察到的大多数脱氯都伴随着产甲烷作用(Methanogenesis)[63, 84-87]。天然沉积物通常是较好的缓冲体系,在脱氯过程中 pH 变化一般不大,保证了自然界多氯联苯脱氯可以稳定进行。

　　多氯联苯微生物脱氯中,除了多氯联苯自身作为终端电子受体,还需要其他物质充当碳源和电子供体。在沉积物体系中存在多种多样的天然有机物可以为微生物的生长提供碳和电子。然而,多氯联苯脱氯菌生长的必要碳源是什么尚不明晰,只能通过已有的研究结果推断碳源的选择和脱氯菌的种、株有关。Wu 等发现一些脱氯菌必须用乙酸作为碳源,而另一些脱氯菌需要甲酸或者 H_2-CO_2(体积比 80:20)作为碳源和电子供体[34, 69]。也就是说,有机和无机碳源都对脱氯微生物的生长起重要作用。通过对添加有机碳源甲酸、乙酸、丙酮酸、乳酸、葡萄糖、甲醇、丙酮和无机碳源二氧化碳、碳酸氢钠等的研究发现:一方面,外加碳源可以为脱氯微生物的生长提供足够的碳元素和能量,促进多氯联苯脱氯的进行;另一方面,外加碳源同时也导致其他竞争微生物快速生长,从而抑制了脱氯菌作用[19, 35, 41, 60, 67, 87-90]。结果总结于表1.7。此外,外加碳源并不是越多越好,低浓度的碳酸氢钠(100 mg/L)有助于适宜脱氯的微生物群落的形成,而高浓度碳酸氢钠(500 mg/L)可能阻碍了多氯联苯脱氯菌的乙酸代谢,转而促进热力学上更有益的产乙酸菌生长[87]。由于各研究实验条件不同,如添加碳源有的是反应初始一次性添加,有的是周期性添加,添加量也有较大差异。因而,碳源的优劣以及适宜的添加量尚未有明确结论。

表 1.7　多氯联苯微生物脱氯中有机碳源的作用

碳源	被脱氯 PCBs	底泥来源	作用	文献
甲醇/葡萄糖/乙酸盐/丙酮	Arolcor 1242	美国哈德逊河	强化脱氯效果,增强效果甲醇＞葡萄糖＞丙酮＞乙酸盐	[88]
脂肪酸混合物(乙酸＋丙酸＋丁酸和六烯酸)	Arolcor 1242 Aroclor 1242 Aroclor 1260	美国哈德逊河 美国新百德福德港 美国银湖	强化哈德逊河底泥多氯联苯脱氯 有机碳含量较高的新百福德港和银湖无显著影响	[19]
巯基乙酸＋牛肉膏/苹果酸	Aroclor 1242, 1254 和 1260 的混合物, 或 Aroclor 1260	美国哈德逊河 美国伍兹塘	脱氯滞后时间均缩短	[60]
脂肪酸混合物(乙酸＋丙酸＋丁酸各 2.5 mmol/L)/乙酸	PCB 单体或 Aroclor 1260	美国查尔斯顿港 美国巴尔的摩港	无显著影响 脱氯速率加快 乙酸效果好于脂肪酸混合物	[60] [67]
乙酸/丙酮酸/乳酸(浓度皆为 20 mmol/L)	PCB 单体	台湾基隆河	在产甲烷条件或硫酸盐还原条件下增强脱氯,乳酸＞乙酸或丙酮酸;在反硝化条件下对脱氯起削弱作用	[35]
乙酸和乳酸各 5 mmol/L＋硫酸亚铁(20 mmol/L)	类二噁英 PCBs	台湾二仁溪河	脱氢酶活性增强,部分类二噁英 PCB 单体脱氯速率加快	[41]
甲酸(10 mmol/L)	PCB 单体	美国巴尔的摩港	充当电子受体和碳源,具体对脱氯速率和程度的影响不明	[90]
乙酸＋丙酸＋丁酸＋乳酸各 1 mmol/L	风化 PCBs 和 PCB 116	美国阿纳卡斯蒂亚河	充当电子受体和碳源,具体对脱氯速率和程度的影响不明	[89]

天然沉积物环境中存在的阴离子如 NO_3^- 和 SO_4^{2-} 也是良好的电子受体,

它们分别是反硝化菌和硫酸盐还原菌的首选,和多氯联苯存在竞争关系。研究发现 5~16 mmol/L NO_3^- 的存在抑制了多氯联苯脱氯[63]。与之相似,3~30 mmol/L SO_4^{2-} 也有抑制脱氯的效果,从脱氯位置上看间位脱氯被抑制得最为明显,有侧位氯取代的对位脱氯和双侧氯取代的间位脱氯活性被部分保留[19, 31, 34, 63, 84, 85, 91]。May 等[84]曾指出,脱氯只有在 SO_4^{2-} 被完全消耗后才开始进行,但 Rysavy 等[37]在实验中发现了 SO_4^{2-} 存在下的多氯联苯脱氯现象,这可能是由于某些硫酸盐还原菌能够利用多氯联苯作为其替代电子受体完成还原反应。三价铁也是多氯联苯的竞争电子受体。Morris 等[85]研究发现,50 mmol/L 的羟基氧化铁(FeOOH)可抑制多氯联苯脱氯,但其抑制的程度较 10 mmol/L 的 SO_4^{2-} 和 10 mmol/L 的溴乙基磺酸(BESA,产甲烷菌抑制剂)要低。也有研究结果显示,三价铁并没有抑制四氯乙烯的脱氯,脱氯菌与三价铁还原菌同步富集[92]。

氢气(H_2)是沉积物环境中重要的电子供体,部分微生物自身有产氢功能。H_2 对多氯联苯脱氯的影响较为复杂,常需要和碳源、电子受体等因素综合考虑。通常,体积分数小于 1% 的 H_2 不会对脱氯产生显著影响,中等浓度的 H_2 促进脱氯,而高于 10% 的 H_2 可以抑制某些脱氯反应的进行并改变脱氯路径和历程[60, 93]。实践中常通过添加零价铁(Fe(0))的方法来增加体系中的 H_2[37, 94],反应方程式如式 1.2 所示。假设体系的 pH 等于 7,Fe^{2+} 的浓度为 10^{-3} mol/L,经过计算该反应的 ORP 为 0.17 V。由此可见,天然沉积物环境中铁的锈蚀为多氯联苯脱氯充当了电子供体,提供微生物生长需要的能量。此外,锈蚀反应生成的 Fe^{2+} 能够沉淀体系中溶解的脱氯抑制物负二价硫,从而强化多氯联苯脱氯[37]。

$$H_2O + \frac{1}{2}Fe = \frac{1}{2}H_2 + \frac{1}{2}Fe^{2+} + OH^- \tag{1.2}$$

多氯联苯脱氯的抑制剂除了提到的负二价硫,还有抗生素类、钼酸盐以及溴乙基磺酸等。不同抑制物的作用机理各不相同。溶解态的负二价硫(H_2S,HS^- 和 S^{2-})是杀菌剂,而非溶解态的负二价硫对细菌无害,因此常用重金属沉淀的方法来去除溶解态负二价硫。Zwiernik 等[95]曾发现添加 $FeSO_4$ 可促进 Aroclor 1242 的深度脱氯,该结果和其他添加 SO_4^{2-} 导致脱氯抑制的现象相反,只能用 SO_4^{2-} 的还原产物以 FeS 沉淀的形式存在来解释。由于 S^{2-} 对多氯联苯脱氯的抑制，微生物培养液中的还原剂 Na_2S 现已经被 L-半胱氨酸所替代[85,88]。青霉素 G 加 D-环丝氨酸可以直接抑制细菌生长并间接抑制古细菌中产甲烷菌生长，从而导致多氯联苯脱氯的停滞[96]。其他抗生素如氨比西林、氯霉素、新霉素、链霉素等也具有脱氯抑制性[34]。钼酸盐阻碍硫酸盐还原菌和其他一些细菌的生长，对多氯联苯脱氯也存在一定的抑制作用[34]。溴乙基磺酸抑制产甲烷菌作用，在产甲烷活性降低的同时，研究发现多氯联苯脱氯的滞后期显著增长，脱氯程度大大降低，从而推测部分产甲烷菌也可能具备脱氯功能[85,96]。

在过去的研究中，人们使用了多种多氯联苯单体，如 PCB 62(2346-CB)、PCB 65(2356-CB)、PCB 30(246-CB)、PCB 116(23456-CB)和 Aroclor 系列混合物，如 Aroclor 1242、1248、1254 和 1260。这些单体和混合物又以不同的浓度和组成出现在脱氯实验中。尽管各个研究的结果各异，无法形成一般性结论，多氯联苯的浓度和组成对脱氯的程度、速率和脱氯类型的影响是普遍而显著的。此外，包括多氯联苯单体本身和其他的卤代化合物在内的共代谢底物的存在，被证明可以促进多氯联苯脱氯反应[40,45,46,50,58,89,97]。

1.4.5 多氯联苯跟踪对

为了研究多氯联苯在环境中的转化，研究者需要把当前环境中残留的多氯联苯浓度和分布类型与历史上的浓度、分布类型相比较。然而，在 209 种多氯联苯单体的标准品和毛细管色谱柱出现之前，根本无法做到单体的具体分析。所以，我们获得的多氯联苯历史数据自身可能有很大的偏差，无法直接和现在的多氯联苯数据进行对比[98]。为了克服这个障碍，Karcher 等[98]运用了一种基于统计学的新方法——相关单体法，该方法可以在历史上 Aroclor 混合物排放源未知的情况下，依旧可以成功追踪过去几十年中该地区多氯联苯的转化情况。相关单体，也叫做多氯联苯跟踪对(PCB Tracker Pairs，简称 TP)，指的是一对多氯联苯单体，它们在 Aroclor 混合物中的比值保持稳定，已经发现的跟踪对有 276 对，涉及的多氯联苯单体共有 95 个[98]。但是，跟踪对方法的应用有一定的局限性。首先，不是所有的多氯联苯转化都能反映到跟踪对的比值上，如果相关单体成比例地增加或减少，跟踪对的比值则保持不变；第二，跟踪对方法从未在实验室中得到验证。

1.4.6 研究的目的和意义

在过去近 30 年中,科学家在实验室里模拟了多种地球化学条件来研究多氯联苯的脱氯行为和规律[19, 31, 40, 44-46, 55, 63, 64, 79, 86, 89, 99]。然而由于以下几方面的制约,至今没有一般性的结论产生。

首先,研究选择的多氯联苯或者是商业混合物 Aroclor 系列或者是单一的母体多氯联苯。但是,一方面由于多氯联苯化学分析方法的限制(气相色谱共析峰的存在)和涉及脱氯路径的复杂性(一种脱氯产物可能来自多个母体),并非所有的脱氯路径都能够从检测到的多氯联苯混合物中得到确认。另一方面,使用单一母体多氯联苯时可以获得的脱氯路径信息非常有限,而如果将 209 种多氯联苯单体逐一研究工作量和花费都相当惊人,至今没有任何一个研究团队敢于挑战。在 2004 年时,Karcher 等[98]建立了一种可以不需要知道历史上多氯联苯污染是来自哪种 Aroclor 商业产品而直接运用统计学来分析多氯联苯在沉积物中转化的方法——跟踪对法。该方法已成功运用于环境中残留多氯联苯数据的解析,但从未运用在实验室研究中。因而,我们提出在实验室微环境中以跟踪对作为母体研究多氯联苯的脱氯行为,通过对脱氯路径的确认、分析,深入阐释跟踪对法的相关规律。

第二,现有的实验室研究数据由于对替代性电子供体的影响考虑不周造成数据分析和对比难度较大。外源性的电子供体,如 H_2,常用于实验室脱氯中以控制微环境的氧化还原状态,但 H_2 已被证实可以改变脱氯反应的速率、程度和相关路径。因此,在本研究中,我们将规避 H_2 影响的产生,而把关注点放在所添加的多氯联苯跟踪对和环境中常见的碳源和竞争电子受体上。

最后,多氯联苯脱氯研究中的质量守恒一直是难点。我们看到的脱氯随时间变化的趋势图大都以残留的母体多氯联苯占多氯联苯总量的摩尔百分比来表示而不是用其物质的量浓度的减少来表示。这是由于检测全部 209 种多氯联苯单体对于大多数研究者来说不但技术上难以实现,也不经济。某些多氯联苯单体在气相色谱检测中的共析现象导致产物判断的困难。本研究中,我们将精心选取母体多氯联苯,以期尽量避免共析峰在研究体系中的出现,从而获得满足质量守恒的精确数据结果。

综上所述,我们将从野外环境样品和实验室微环境两方面入手,克服化学分析上和母体多氯联苯选择以及微环境构建上的困难,全面考察研究沉积物中多氯联苯的脱氯降解、微生物群落和生物地球化学特征之间的相互关系。揭示被研究沉积物中微生物厌氧脱氯的影响机制，为监测自然衰减法原位修复多氯联苯污染沉积物提供科学依据和技术支持。

1.4.7 研究的主要内容

针对以上提出的问题，本研究首先选取多氯联苯重污染区域美国格拉斯河沉积龄超过40年的沉积物柱考察多氯联苯的天然降解能力。我们的研究假设是如果多氯联苯在自然环境下可以缓慢脱氯降解，那么在污染程度重、沉积龄长的沉积物中就可以观察到深度脱氯现象。为了验证这个假设，我们将：(1)从表层沉积物开始一直到沉积物柱底部每5 cm一段进行切割，然后对每段分别进行多氯联苯单体分析；(2)研究每层样品的微生物群落结构，重点考察脱氯相关微生物；(3)确定每段沉积物样品的地球化学性质并尝试寻找地球化学特征和目标微生物种群之间的关系。如在未受扰动的完整沉积物柱底部同时观察到深度脱氯现象和脱氯相关细菌的存在，则可以部分支持监测自然衰减的修复策略。同时，这部分工作还为实验室微环境的构建提供基础数据信息。

第二部分工作我们希望通过构建美国哈德逊河、格拉斯河、中国太湖的表层沉积物实验室微环境全面考察不同沉积物中的脱氯行为。我们的研究假定是多氯联苯脱氯的路径、速率和脱氯的程度主要受到沉积物自身的生物地球化学因素控制。为了验证该假设，我们将：(1)考察不同地球化学条件下多氯联苯在不同沉积物中的脱氯路径、速率和程度变化情况；(2)研究多氯联苯单体组成对脱氯的影响；(3)检验跟踪对是否可以指示实验室微环境中的脱氯现象；(4)寻找是否存在某些脱氯路径，这些脱氯路径没有被包含在8种经典的脱氯历程中；(5)评价多氯联苯脱氯的环境解毒效果。

具体研究内容分以下几个章节：(1)综合运用多种分子生物学和化学分析方法探寻哈德逊河和格拉斯河沉积物中多氯联苯脱氯的证据；(2)考察两组多氯联苯跟踪对混合物在哈德逊河和格拉斯河表层沉积物微环境中的脱氯行为；(3)考察SO_4^{2-}存在下两组多氯联苯跟踪对混合物在哈德逊河和格拉斯河表层沉积物微环境中的脱氯行为；(4)考察FeOOH存在下两组多氯联苯跟踪对混合物在哈德逊河和格拉斯河表层沉积物微环境中的脱氯行为；(5)研究多氯联苯跟踪对在太湖表层沉积物中的脱氯行为及其影响因素。

第 2 章　格拉斯河沉积物柱的微生物群落和多氯联苯

多氯联苯污染沉积物的修复是环境污染治理中极具挑战的课题。美国环保署建议采用监测自然衰减的方法原位修复深层受污染沉积物。但是该方法中的关键问题——微生物脱氯潜能随沉积时间的变化规律尚不明晰。

多氯联苯在沉积物中的微生物还原脱氯有时候是广泛的、包含大量的脱氯反应路径，有时候却又是极其有限的仅仅涉及少数几个多氯联苯单体[31,60]。至今，人们对这种差异产生的原因尚无定论，但一般认为是微生物种群或地球化学特征包括多氯联苯浓度的影响[19,31,93,100,101]。

多氯联苯脱氯微生物的纯培养一直是技术难题。环境中的脱氯微生物可以通过适当的分子探针来进行甄别[39,90,102]。Kjellerup 等[86]即利用分子探针研究了多氯联苯含量较低的河流表层沉积物并发现了天然脱氯微生物存在的证据。然而，如果监测自然衰减这种长期原位修复方法可以实现，那么必须有一个前提，就是在污染较重的、深处沉积龄长的、未受到扰动的沉积物中也必须有大量脱氯微生物存在。

过去几十年中，沉积物柱多被用于多氯联苯污染河流和湖泊的污染源识别和单体分布情况比较[103-105]。Hiraishi[36]等在对日本诹访湖（Lake Suwa）的沉积物柱研究中发现在这种被低浓度二噁英污染的沉积物中，只有上层 12 cm 可以检测到脱氯细菌 *Dehalococcoides* spp.（104～105 个/g 干重），12 cm 以下的沉积物段中并没有脱氯细菌存在，该发现使得人们对沉积龄长的沉积物中脱氯潜能的存在持怀疑态度。

本章选取了美国纽约州格拉斯河沉积物柱，在沉积物理化性质分析的基础上，逐层研究脱氯微生物群落和多氯联苯单体的分布情况，以期更好地理解脱氯过程和脱氯微生物之间的相互作用关系。如脱氯微生物在各深度均有检出，则可以较好支持天然脱氯降解作为一种长期原位修复方法的可能性。如通过多氯联苯单体的分布分析显示深处沉积龄长的沉积物已经历了显著的脱氯过程，则可以作为监测自然衰减法原位修复多氯联苯污染的实证。

2.1　沉积物柱的采集

格拉斯河沉积物于 2006 年采集于美国铝业公司的排放点 001 附近(Alcoa Outfall 001)，共采集了五个直径为 4 in(10 cm)的柱状沉积物。沉积物柱自上而下按照：0～2 cm，2～5 cm，5～10 cm，之后每 5 cm 一段切割直至底端。切割后的沉积物样品密封于玻璃罐中 4℃保存。由于格拉斯河在 2002 年发生过流水壅塞(Icejam)，造成沉积物重悬浮和剧烈扰动，仅有编号为 Core 18M，采集于 N:2230252.6,E:402307.2 [NAD83](北美洲基准面)的沉积物柱样品显示出非连续的 Cs-137 同位素峰，说明该地点并无大量的深层沉积物重悬浮(见图 2.1A)。对照沉积物柱长度，该柱(220 cm 长)比 1997 年采集的同一地点的沉积物柱深了约一倍，意味着上层的一半(约 0～120 cm)是由于近期的流水壅塞产生的。

2.2　沉积物柱的理化性质

由于 2002 年发生的流水壅塞，Core 18M 上半部分的使用受到一定的影响。如图 2.1A 所示，Cs-137 同位素从表层一直到 150 cm 深都在 2 pCi/g 之下。沉积物孔隙率在 145～155 cm 段较低(图 2.1B)，总有机碳(TOC)和多氯联苯总量(Total PCBs)随深度的变化趋势较为相似(图 2.1C 和图 2.1D)。TOC 在 1.2%到 12.4%之间变化，在柱底部有一个峰出现。与之相似，多氯联苯总浓度在表层较低(1.85 mg/kg 干重(Dry wt))(本章中除非特别声明各浓度均基于沉积物干重)，在混合层直到 125 cm 深时都在 30 mg/kg 以下。这是由于该段沉积物是近年来新沉积的。在 140 cm 以下，多氯联苯总浓度在 11.5～836.8 mg/kg 之间。高浓度出现在靠近底部的样品中。值得注意的

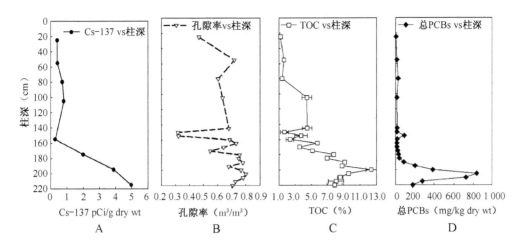

图 2.1　沉积物柱 Core 18M 的理化性质

(A)Cs-137 含量；(B)孔隙率；(C)TOC；(D)多氯联苯总量

是，在 150～155 cm 沉积物段中出现了比其上下相邻段高得多的多氯联苯含量 88.2 mg/kg。这很可能是由于 1995 年开展的非时间关键清理行动（NT-CRA）造成的多氯联苯异常沉降[106]。虽然多氯联苯总量随深度变化很大，我们依旧发现多氯联苯总量和 TOC 呈正相关（$r=0.614, p=0.003$），该结果和 Brenner 等[107]人的研究结论一致。阴离子分析显示，在 Core 18M 中，SO_4^{2-} 含量在 201.9～3 644 ppm，NO_3^- 含量在 5.4～2 076.5 ppm 之间变化，SO_4^{2-} 和 NO_3^- 比其他的阴离子 F^-、Cl^-、Br^-、NO_2^-、PO_4^{3-} 要高出 1～3 个数量级。由于我们在研究过程中没有特别关注硫单质的二次氧化，所以并不能完全排除沉积物柱中的高 SO_4^{2-} 含量一部分是由于硫单质的氧化造成的。在对其他沉积物柱的研究中，研究者也曾检测到高 SO_4^{2-} 水平[108, 109]。此外，Rysavy 等[37]发现多氯联苯脱氯是可以在 SO_4^{2-} 浓度高于 0.4 g/L 的硫酸盐还原条件下进行的。相对于沉积物柱而言，表层沉积物 SO_4^{2-}、NO_3^- 含量较低，PO_4^{3-} 含量要高。然而阴离子们随沉积深度并无显著的变化规律。

2.3　沉积物柱的微生物群落分析

为了全面解析 Core 18M 的微生物群落。我们选取了变性梯度凝胶电泳

(DGGE)、荧光定量 PCR(qPCR)和细菌克隆文库(Bacterial clone library)三种分子生物学手段进行研究。研究使用的 PCR 引物如表 2.1 所示(本书中涉及的 PCR 引物均在此表列举，后面章节不再赘述)。

表 2.1　PCR 引物

技术	目标组	正向引物	逆向引物	片段长度	文献
DGGE	*Bacteria*（BAC）	BAC341F-[GC clamp]	BAC534R	234 bp	[110]
	Chloroflexi（CHL）	CHL348F-[GC clamp]	Dehal884R	577 bp	[102]
	Dehalococcoides	DHC1F-[GC clamp]	DHC259R	299 bp	[74, 75]
	o-17/DF-1(pcb)	BAC908F-[GC clamp]	Dehal1265R *	398 bp	[90, 111]
	GC-Clamp	CGCCCGCCGCGCGCGGCG GGCGGGGCGGG		40 bp	[110]
克隆	细菌 16S rRNA	BAC27F	BAC805R	780 bp	[112, 113]
qPCR	*Bacteria*（BAC）	BAC338F	BAC534R	197 bp	[110]
	Dehalococcoides	DHC1200F	DHC1271R	72 bp	[76]
	o-17/DF-1(pcb)	BAC1114F	Dehal1265R	152 bp	[90, 114]
	Chloroflexi（CHL）	CHL348F	Dehal884R	537 bp	[102]
	Desulfuromonales	DSM355F	BAC534R	180 bp	[110, 115]
	Desulfovibrionales	DSV679F	BAC805R	180 bp	[113, 116]

2.3.1　DGGE 分析

Bacteria、*Dehalococcoides* 和 *o*-17/DF-1(pcb)的 DGGE 图谱如图 2.2、

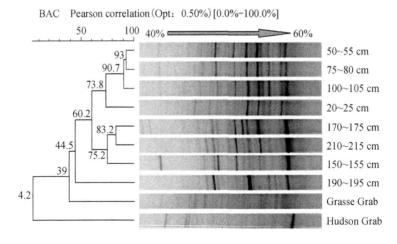

图 2.2　Core 18M 和表层沉积物的 *Bacteria*（BAC）DGGE 带型聚类分析
变性梯度为 40%～60%，相似度显示于分支节点上

2.3和2.4所示。由于 *Chloroflexi* 组的 DGGE 带型（Banding pattern）在所研究的 Core 18M 各深度样品、包括表层沉积物样品中均保持高度的一致性（相似度＞90％），因而不再单独对带型进行分析。这种高度的一致性已经说明 *Chloroflexi* 群落在沉积物柱中变化较小。与之形成鲜明对比的是，*Bacteria* 和 *Dehalococcoides*（见图 2.2 和图 2.3）带型聚类分析显示上层，即由于流水壅塞产生的新沉积物段（20～25 cm、50～55 cm、75～80 cm 和 100～105 cm）与其他大部分中部和底部的沉积物段（150～155 cm、190～195 cm、210～215 cm）有显著不同。对 *Dehalococcoides* 组和 *o*-17/DF-1组而言，170～175 cm 样品与其他中部和底部的样品（150～155 cm、170～175 cm、210～215 cm）也存在较大差异。多氯联苯分析发现170～175 cm 样品中多氯联苯的含氯量异常高，这很可能和脱氯菌 *Dehalococcoides* 群落变化有一定联系。分析也发

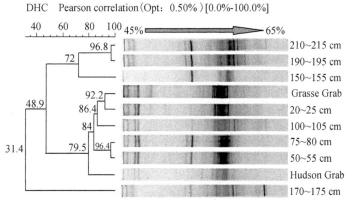

图 2.3　Core 18M 和表层沉积物的 *Dehaloccoides*（DHC）DGGE 带型聚类分析

变性梯度为 45％～65％，相似度显示于分支节点上

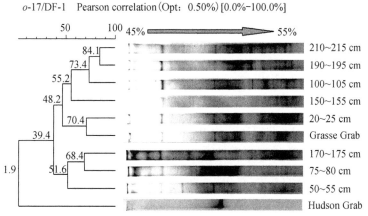

图 2.4　Core 18M 和表层沉积物的 *o*-17/DF-1（pcb）DGGE 带型聚类分析

变性梯度为 45％～55％，相似度显示于分支节点上

现，*Bacteria* 和 *Dehalococcoides* DGGE 图谱中颜色较深的条带出现在较深处的沉积物中，这意味着微生物的选择性富集效应在较深处的沉积物中有所显示。结合多氯联苯化学分析结果（图 2.1D），富集效应可能是由于深处（沉积龄长）的样品中的高浓度多氯联苯和/或更长的生长代谢时间引起的。多样性指数（Shannon diversity index）计算显示，总细菌的多样性在表层沉积物中为 3.21，在沉积物柱中为 2.36 到 2.82，呈现降低的趋势，这是由于表层沉积物中存在大量好氧菌。

2.3.2　细菌克隆文库分析

由于 *Bacteria* 的 DGGE 图谱显示沉积物柱的上半部分和下半部分有显著差异。且上半部分沉积物主要是流水壅塞带来的，下半部分的沉积物才属于未受扰动的天然沉积物。多氯联苯化学分析发现，上半部分的 100～105 cm 段多氯联苯总浓度只有 14.0 mg/kg，但是脱氯的相对程度却比下半部分的沉积物样品还要高。为了更好地理解微生物群落结构的差异，我们选取了表层沉积物（Grasse grab）和 100～105 cm 段以及位于沉积物柱底部的 210～215 cm 段共三个沉积物样品进行 16S rRNA 基因克隆文库研究，获得的克隆子分别有 88、81 和 81 个（GeneBank Accession No. JQ968694 到 JQ968943）。对每个克隆文库用稀释曲线法在 97%、95% 和 90% 的序列相似度下进行饱和度分析，结果显示克隆文库可以充分代表科水平上的多样性（90% 相同）。因而，我们的结果以科上级的门和亚门水平的组成进行展示。图 2.5 为三个所选沉积物样品门水平上的群落百分比组成图。如图所示，100～105 cm 和 210～215 cm 样品中变形菌门（*Proteobacteria*）所占的比例非常大，分别达到 60.5% 和 79.0%，其中又以 *β- proteobacteria* 为主（39.5% 和 67.9%），而拟杆菌门（*Bacteroidetes*）仅占 11.1% 和 4.9%；表层沉积物中 *Proteobacteria*、*β- proteobacteria* 和 *Bacteroidetes* 分别占到 31.8%、6.8% 和 21.6%。*β- proteobacteria* 所占的百分比随深度而增加，而 *Bacteroidetes*，*γ- proteobacteria*、*δ- proteobacteria* 以及其他菌所占的比例随深度而降低。研究发现 *Proteobacteria* 是脱氯中普遍大量存在的菌门[117, 118]。Bedard 等[117]的研究显示，*α- proteobacteria*、*β- proteobacteria* 和 *γ- proteobacteria* 中均无脱氯菌，只有 *δ- proteobacteria* 中的几个菌种和脱卤呼吸作用相关。值得注意的是，在本研究中，表层沉积物中 *δ- proteobacteria*（13.6%）的比例比 100～

105 cm和 210～215 cm 样品都要高，而且其中的三分之一的克隆子属于
Geobacter，一个和铁还原、硫还原以及脱氯密切相关的属[119, 120]。表层沉积
物中δ- *proteobacteria*较为丰富可能是由于该处处于有氧状态，可以利用的三
价铁和其他高价态金属较多。

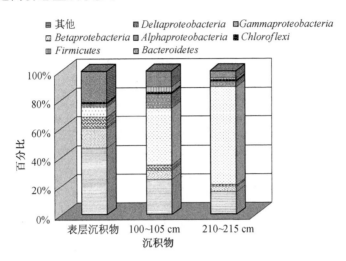

图 2.5　表层沉积物、100～105 cm 段和 210～215 cm 段的细菌群落百分比组成

我们从 NCBI 序列数据库中分析对比了每个克隆子最相似的序列及其分
离来源，发现 100～105 cm 样品中 26% 的克隆子和 210～215 cm 样品中 36%
的克隆子在属水平上和数据库中来自有脱氯活性的土壤和沉积物的克隆子一
致，这个数字在表层沉积物中只有 2.2%。该结果同样说明脱氯相关微生物
随着沉积物深度（沉积龄）的增加和/或多氯联苯浓度的增加有富集的现象，也
就是说多氯联苯脱氯逐渐成为沉积龄长和/或多氯联苯水平高的沉积物中的
重要微生物代谢活动。

值得注意的是，每个克隆文库中仅有一个克隆子属于 *Chloroflexi* 门。
我们把三个从格拉斯河沉积物中获得的 *Chloroflexi* 克隆子和已知的属于
Chloroflexi 的多氯联苯脱氯菌用 ClustalX 软件进行序列比对和系统进化
树的构建并用 TreeView 程序进行了调整[121, 122]（图 2.6）。三个本研究
中发现 *Chloroflexi* 克隆子彼此相关（Ⅲ），但和脱氯菌 *Dehalococcoides*
（Ⅰ），*o-17/DF-1*（Ⅱ）、*Dehalogenimonas lykanthroporepellens*（Ⅲ）均有
不同。

图 2.6 中分子节点上的数字为步长值（Bootstrap values），即在进行 1 000
次建树过程中有大于 500 次（频率>50%）这个分支内的序列在进化速度上相

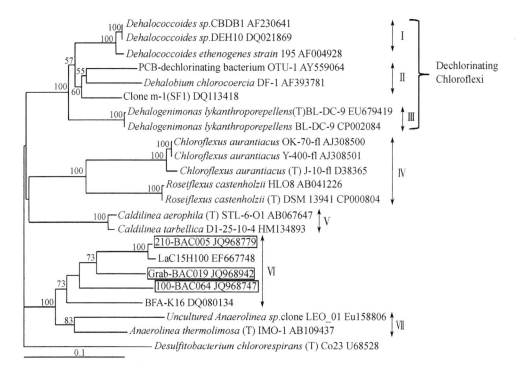

图 2.6　基于最大简约法的系统进化树所显示的格拉斯河表层沉积物、100～105 cm 段和 210～215 cm 段中三个代表性克隆子 Gra-BAC019，100-BAC064，210-BAC005 的 16S rRNA 基因序列与此前发现的相关细菌之间的关系

似。比例尺表示 10％的基因序列差异。外群选择的是菌株 *Desulfitobacterium chlororespirans*。Ⅰ：*Dehalococcoides* 菌株；Ⅱ：*o*-17/DF-1 进化枝；Ⅲ：*Dehalogenimonas lykanthroporepellens* 菌株；Ⅳ：厌氧光合细菌 *Chloroflexus* 和 *Roseiflexus* spp.；Ⅴ：厌氧丝状嗜热菌 *Caldilinea* spp.；Ⅵ：本研究发现的 *Chloroflexi* 克隆子和与之相似的其他脱氯研究中发现的克隆子；Ⅶ：丝状嗜热菌 *Anaerolinea* spp.。Ⅰ、Ⅱ 和Ⅲ为脱氯 *Chloroflexi*。Ⅰ 包含了典型的 *Dehalococcoides* strains CBDB1，DEH10 和 *D. ethenogenes* strain 195；Ⅱ代表 *o*-17/DF-1 进化枝，其中克隆子 m-1 的部分和 SF-1、OUT-1 一致，和 *o*-17 相似度大于 99％。

2.3.3　qPCR 分析

为更好地定量描述微生物群落，沉积物柱 Core 18M 未受扰动的下半部分样品的 *Bacteria*（BAC）、*Chloroflexi*（CHL，*Chloroflexi* 门中的脱氯菌）、

Dehalococcoides(DHC)和 *o*-17/DF-1 的 16S rRNA 基因水平以拷贝数每克沉积物干重为标准显示于图 2.7 中。如图可见，可能的脱氯菌在所研究的沉积物柱各样品中均有检出。Core 18M 的 145～155 cm 段孔隙率在全段中最低(图 2.1B)，其细菌种群也是相对最小的。沉积物中 *Chloroflexi* 16S rRNA 基因的含量在 $1.7 \times 10^7 \pm 2.1 \times 10^6$ 到 $2.9 \times 10^8 \pm 4.3 \times 10^7$ 之间。表层沉积物中 *Chloroflexi* 16S rRNA 基因的含量为 $2.1 \times 10^8 \pm 2.6 \times 10^7$，这个数字和此前同一条河流其他采样点研究获得的 $3.0 \times 10^8 \pm 4.0 \times 10^7$ 非常相近[86]。但是 *Chloroflexi* 16S rRNA 基因随深度的变化趋势并不明显，与多氯联苯总浓度、TOC 等也没有显著的相关性。

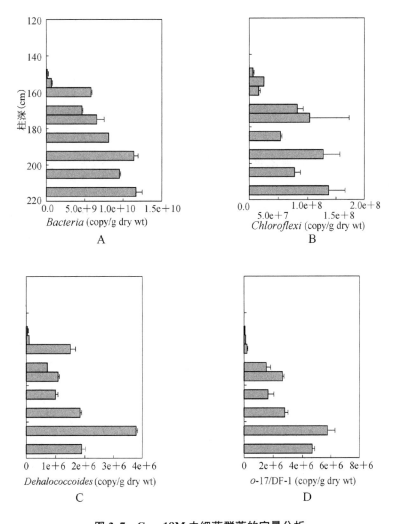

图 2.7　Core 18M 中细菌群落的定量分析

(A)*Bacteria*；(B)*Chlorofelxi*；(C)*Dehalococcoides*；(D)*o*-17/DF-1

Dehalococcoides 16S rRNA 基因在 Core 18M 中的变化与多氯联苯的摩尔脱氯产物比(Molar Dechlorination Product Ratio,MDPR)变化趋势完全一致(图 2.8A),也就是说高 MDPR 的沉积物段(深度脱氯段)中 *Dehalococcoides* 16S rRNA 基因的含量比低 MDPR 的沉积物段中的 *Dehalococcoides* 16S rRNA 基因的含量要高。例如 100～105 cm 段的 MDPR 值很高,与底部的 210～215 cm 段相比,其含有 2.5 倍的 *Dehalococcoides*($4.7 \times 10^6 \pm 2.1 \times 10^5$),但较少的 *o*-17/DF-1($3.1 \times 10^6 \pm 1.2 \times 10^5$)和 *Chloroflexi*($2.1 \times 10^7 \pm 2.6 \times 10^6$),210～215 cm 段这三种基因的含量依次为 $1.9 \times 10^6 \pm 1.1 \times 10^5$,$4.8 \times 10^6 \pm 1.6 \times 10^5$,$1.4 \times 10^8 \pm 2.7 \times 10^7$。如排除异常段 150～155 cm(该段沉积物的多氯联苯含量比其上下相邻段均有大幅度增加),MDPRs 和对数归一化的 *Dehalococcoides* 16S rRNA 基因水平(log DHC)之间存在显著的相关($r = 0.595$,$p = 0.041$)。如果只关注高孔隙率的沉积物段(除 145～155 cm的各段),上述的 MDPRs 和 log DHC 的相关性更强($r = 0.861$,$p = 0.001$)。MDPRs 和 *o*-17/DF-1 16S rRNA 基因水平之间也有一定的相关性($r = 0.82$,$p = 0.046$),但仅仅在 160 cm 以下的沉积物段中才存在。MDPRs 和脱氯相关细菌之间的相关性意味着这些细菌可能直接影响该沉积物柱的脱氯程度。

Bacteria 16S rRNA 基因水平大约比 *Chloroflexi* 基因高出 2 个数量级,*Chloroflexi* 16S rRNA 基因比 *Dehalococcoides* 16S rRNA 基因(沉积物柱各段在 $2.3 \times 10^4 \pm 1.5 \times 10^3$ 到 $4.7 \times 10^6 \pm 2.1 \times 10^5$ 之间,表层沉积物为 $7.5 \times 10^6 \pm 1.4 \times 10^5$)和 *o*-17/DF-1 16S rRNA 基因(沉积物柱各段在 $6.9 \times 10^4 \pm 5.0 \times 10^3$ 到 $9.6 \times 10^6 \pm 5.6 \times 10^5$ 之间,表层沉积物为 $1.1 \times 10^7 \pm 8.3 \times 10^5$)都高出 1～2 个数量级。也就是说,*Dehalococcoides* 和 *o*-17/DF-1 均不是 *Chloroflexi* 群落中的优势菌。这个结果和上述基因克隆文库的结果保持一致,即发现的 *Chloroflexi* 克隆子与 *Dehalococcoides* 和 *o*-17/DF-1 均非密切相关。Kjellerup 等[86]曾在格拉斯河表层沉积物中发现过 *Dehalococcoides* 相关微生物,但是没有检测到 *o*-17/DF-1。我们的研究则显示在格拉斯河的典型沉积物柱中 *Dehalococcoides* 和 *o*-17/DF-1 均存在,且在大部分沉积物段中 *o*-17/DF-1 较 *Dehalococcoides* 更多。研究结果的差异可能是由于多氯联苯含量的不同(我们研究的沉积物柱中的多氯联苯要远远高出 Kjellerup 等研究使用的沉积物),各采样地点的微生物种群不同,甚至可能是由于沉积物柱中的多氯

联苯含邻位取代氯更高,选择性地富集了 o-17/DF-1。

在下半部未受干扰的沉积物柱中,*Dehalococcoides* 和多氯联苯总量、TOC 均存在正相关,o-17/DF-1 和 TOC 也存在正相关,这也说明脱氯细菌的富集和可利用的底物量有关。

我们评估了各组细菌的 16S rRNA 基因水平的对数值和地球化学性质之间的相关性,发现 *Bacteria*、*Chloroflexi*、*Dehalococcoides* 和 o-17/DF-1 相互之间均存在显著的正相关($p \leqslant 0.001$),意味着不同细菌种群之间存在相互作用,且共生菌可能在脱氯代谢中起到重要作用。在未受扰动的高孔隙率的沉积物段中(即除 145~155 cm 的段),Cl$^-$ 分别和 o-17/DF-1($r=0.586$, $p=0.028$)、*Chloroflexi*($r=0.647$, $p=0.012$)显著正相关,但是和多氯联苯总量不相关。Br$^-$ 则和 *Dehalococcoides*($r=0.559$, $p=0.038$)正相关。这些和卤离子之间存在的相关性部分支持了有机氯和有机溴可以在自然界中自发进行有机卤呼吸[123]。进而,也说明了沉积物地球化学性质和细菌群落之间存在极其复杂的相互作用。

2.4　沉积物柱的多氯联苯分析

2.4.1　多氯联苯分布

分析了 209 种多氯联苯单体在沉积物柱 Core 18M 中的分布情况,为了把观察到的多氯联苯和商业 Aroclors 产品对比,选取了 Frame 等[124]研究中获得的 17 种 Aroclors 产品的单体分布图。总体来说,多氯联苯总浓度随沉积深度的增加而升高(图 2.1D),这和历史排放量基本一致。然而,值得注意的是,随着深度的增加低氯代同系物,即一氯、二氯、三氯联苯的升高速度远远超过高氯代同系物七氯、八氯和九氯联苯。以 PCB 1(2-CB)为例,在沉积物柱的上半部分浓度均在 0.1 mg/kg 左右,但在沉积物柱底部高达 46.5 mg/kg。而对于 PCB 206(23456-2345-CB)从上至下仅仅从 0.01 mg/kg 增加到 0.28 mg/kg。低氯代多氯联苯随沉积物深度的增加出现的积累效应也说明了原位脱氯的广泛存在。

2.4.2 多氯联苯的转化/脱氯

评价沉积物中多氯联苯的脱氯效果有若干方法。除了上文中涉及的MDPR还有含氯量(Chlorine content,%)、平均氯原子数/联苯(Chlorines per biphenyl,CPB)、低分子量多氯联苯分布、主成分分析法(PCA)和跟踪对法等。USEPA 根据其对哈德逊河沉积物的研究归纳了 MDPR 法来评价脱氯程度,简单说 MDPR 是 PCB 1(2-CB)、PCB 4(2-2-CB)、PCB 8(2-4-CB)、PCB 10(26-CB)和 PCB 19(26-2-CB)摩尔浓度之和除以多氯联苯总摩尔浓度而得到[125]。所选择单体 PCB 1、PCB 4、PCB 10 和 PCB 19 代表了邻位脱氯不发生前提下的厌氧脱氯终产物。由于在哈德逊 PCB 8 的积累是非常常见的,因此 PCB 8 也被认为是终产物之一。含氯量为氯原子的质量占多氯联苯总质量的百分比;CPB 为氯原子总摩尔浓度和多氯联苯总摩尔浓度的比值;低分子量多氯联苯含量为一到三氯联苯占多氯联苯总质量的百分比。

图 2.8 为四种不同脱氯评价方法(MDPR、Cl%、CPB 和低分子量多氯联苯分布)对沉积物柱 Core 18M 脱氯程度的评价结果。该沉积物柱所在的区域历史上排放的多氯联苯以 Aroclor 1248 为主[106],因此对各个脱氯评价指标的讨论均以 Aroclor 1248 为参照。相对较高的 MDPR 值(>0.3)在上层

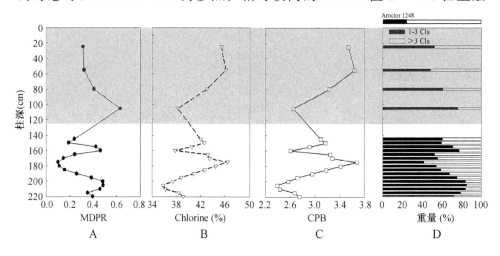

图 2.8 Core 18M 的脱氯评价

(A)MDPR; (B)Cl %; (C)CPB; (D)低分子量多氯联苯分布(多氯联苯同系物被分成两组,一组是含有四个及以上氯原子的(灰白色)、另一组是含有三个及以下氯原子的(黑色))。阴影部分的 0~125 cm 表示受流水壅塞和 NTCRA 工程影响的混合沉积物层

(20～105 cm)、中层(150～160 cm)和下层未受扰动的沉积物段(190～220 cm)中均有发现(图 2.8A)。具体分析五个终产物多氯联苯单体(PCB 1,4,8, 10,19)发现,在深处(沉积龄长)的沉积物段中的高 MDPR 值大部分由 PCB 8 (2-4-CB)贡献。Aroclor 1248 的理论 MDPR 值小于 0.01,远远低于沉积物柱中任意一段的 MDPR 值,也就是说脱氯现象在整根沉积物柱中普遍存在,包括了 NTCRA 工程和流水壅塞造成的重沉积沉积物。在 190～220 cm 段中观察到的高 MDPR 值(>0.35)则表明在沉积龄长、未受扰动的沉积物中脱氯程度更高。由于脱氯产生的较低分子量多氯联苯相对易溶、易挥发和更易于好氧降解,我们用当前检测到的低氯代多氯联苯来估算脱氯很可能造成对脱氯程度的低估。

图 2.8B 显示了沉积物柱各段的含氯量。与 Aroclor 1248 的 48% 相比,底部沉积龄长、未受扰动的沉积物中的含氯量均远低于 48%。上层沉积物(图 2.8 阴影部分)的大部分和中层沉积物中的 170～175 cm 段的含氯量略低于 48%,表明在这些沉积物中脱氯相对有限,主要可能是由于流水壅塞造成的大量原表层沉积物一次性沉积。需要指出的是,含氯量估算也是基于现有的多氯联苯进行的,而完全脱氯的多氯联苯由于产物是联苯不被计入其中,因而造成含氯量的高估。

大多数多氯联苯脱氯研究中均用 CPB 来考察脱氯程度[55, 57, 79, 126, 127]。与 Aroclor 1248 的理论 CPB 值 3.90 相比,Core 18M 所有样品的 CPB 值均低于该值(图 2.8C)。相对较高的 CPB 值也出现在上层沉积物(图 2.8 阴影部分)的大部分和中层沉积物中的 170～175 cm 段,也表明在这些沉积物中脱氯程度较低。底层沉积物中的 CPB 值则远低于 Aroclor 1248 的 CPB 值。与含氯量估算方法类似,由于忽略了完全脱氯作用,CPB 也不是完美的脱氯指示方法。

图 2.8D 简单地把一到三氯联苯和四氯及以上联苯分成两组,可以较为直观地看到脱氯程度随深度的变化。在 190 cm 深度以下,一到三氯联苯的质量百分比占到了 75% 以上,这个数值远远高于 Aroclor 1248 的 22.4%。而低含氯量多氯联苯质量百分比的增加意味着高含氯量同系物的厌氧微生物脱氯。深入研究发现,二氯联苯的质量百分比随沉积深度显著增加,而三氯联苯的质量百分比则相对稳定。

总而言之,含氯量和 CPB 描述的是相同的特征,因而两者的变化趋势一致（图 2.8B、C）。多氯联苯同系物分析帮助区分了高氯代多氯联苯和低氯代多氯联苯。而 MDPR 除了五个作为终产物出现的多氯联苯单体外，其他多氯联苯的组成并未被考虑进去，因此 MDPR 是一个较弱的总体脱氯指示指标。但 MDPR 对于无邻位脱氯发生的沉积物则可以很直观地指示脱氯程度。

除了上述方法，本研究采用了另外两种方法来评估沉积物柱中的脱氯。首先，我们计算了每个沉积物段中多氯联苯的同系物分布以及八种最常见的 Aroclor 产品（Aroclor 1221、Aroclor 1232、Aroclor 1016、Aroclor 1242、Aroclor 1248、Aroclor 1254、Aroclor 1260 和 Aroclor 1262）的多氯联苯同系物分布，然后运用多变量分析方法中的主成分分析来判断多氯联苯分布的相似性，结果如图 2.9A 所示。前两个成分分别可以解释 43.5% 和 30.0% 的方差。所有沉积物段均与推测的源污染物 Aroclor 1248（以四氯和五氯联苯为主）以及除 Aroclor 1232 外的其他 Aroclor 产品有明显差异。然而，结果也显示，表层沉积物、沉积物柱上层的 20～25 cm、50～55 cm、75～80 cm 以及位于中下层的 140～150 cm 和 160～190 cm 段样品与 Aroclor 1016 和 Aroclor 1242（两种 Aroclor 产品均以三氯代联苯为主）更为相近。在沉积物柱底层的 190～220 cm 和上层的 100～105 cm、中层的 150～160 cm 沉积物样品中多氯联苯单体以二氯代联苯同系物为主，与所有已知的 Aroclor 系列产品、与沉积物柱中的其他样品均有较大差异。因而，沉积物柱的所有样品沿着第一主成分可以被聚类为两组，两个组从右到左主要以二氯联苯为变量区分（图 2.9A）。Aroclor 1232（一氯、二氯和三氯联苯各占多氯联苯总质量的约 25%）则很难和大部分沉积物柱样品区分开，也就是说基于同系物组成的主成分分析并不足以区分沉积物柱样品和所有已知的商业 Aroclor 产品。为了解决这个问题，我

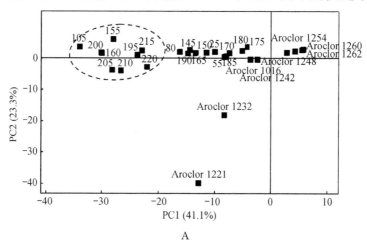

A

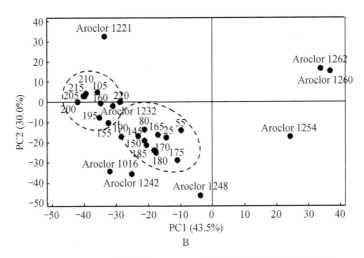

图 2.9　Aroclor 产品和 Core 18M 各沉积物段的 PCA 得分图

(A) 基于多氯联苯同系物分布；(B) 基于多氯联苯单体分布

图中 25：20～25 cm；55：50～55 cm；80：75～80 cm；105：100～105 cm；145：140～145 cm；150：
145～150 cm；155：150～155 cm；160：155～160 cm；165：160～165 cm；170：165～170 cm；175：
170～175 cm；180：175～180 cm；185：180～185 cm；190：185～190 cm；195：190～195 cm；200：
195～200 cm；205：200～205 cm；210：205～210 cm；215：210～215 cm；220：215～220 cm

们用具体的多氯联苯单体组成来进行主成分分析。结果如图 2.9B 所示,前两
个成分一共可以解释 64.4% 的方差,且所有的沉积物柱样品均与八种已知的
Aroclor 产品有明显差异。此外,沉积物柱底层的 190～220 cm 和上层的
100～105 cm、中层的 150～160 cm 这些用同系物聚类分析时与 Aroclor 1232
无法区分的样品,在采用了基于单体分布的主成分分析法后可以清晰地与
Aroclor 1232 分离。因此,我们认为单体分析比同系物分析在多氯联苯脱氯
的评价上更为可靠。

　　然而,必须指出的是,MDPR、含氯量、CPB、低分子量多氯联苯分布,甚至
主成分分析都忽略了在沉积物中部分多氯联苯单体可能已经被完全脱氯。为
了规避完全脱氯对多氯联苯脱氯评估的影响,我们采用了跟踪对的方法对沉
积物柱中各段样品进行再次分析。结果显示,沿着沉积物柱向下总共有 114
组跟踪对与类 Aroclor(Aroclor-like)值有显著差异,且呈现出逐渐靠近和逐渐
远离类 Aroclor 比值的现象。跟踪对的强大还表现在其运用时,并不依赖于
沉积物柱所在区域多氯联苯的污染来自 Aroclor 1248 这个前提,且和多氯联
苯总量无关。这都源于跟踪对方法建立的基础——跟踪对比值在所有 Aroclor
产品中保持不变。因此,在沉积物体系中观察到跟踪对比值与类 Aroclor 比

值有所不同即可以说明多氯联苯发生了转化。

综上所述，在本研究中，MDPR、含氯量、CPB、低分子量多氯联苯分布、主成分分析、跟踪对评估都支持了一个相同的结论——该沉积物柱在过去几十年岁月中经历了显著得多氯联苯天然脱氯降解。

2.5　本章小结

本章运用了多氯联苯化学分析方法和微生物群落分子生物学分析方法共同探讨格拉斯河受多氯联苯污染的柱状沉积物 Core 18M 在长期自然条件下发生还原脱氯的潜能，主要结论如下：

（1）厌氧微生物脱氯现象在沉积物柱中普遍存在，且底层（沉积龄长）的沉积物脱氯程度更深。

（2）沉积物柱中所有的样品中均有脱氯相关微生物存在，且脱氯微生物倾向于在底层多氯联苯含量高的沉积物中富集。

（3）脱氯的化学分析证据和微生物证据共同指向监测自然衰减，无论是天然沉积还是工程覆盖都可能成为研究区域多氯联苯污染长期原位修复的可行策略。

第3章 多氯联苯在哈德逊河和格拉斯河沉积物中的脱氯研究

哈德逊河和格拉斯河是美国多氯联苯污染的代表性河流,微生物催化的多氯联苯脱氯现象首先是在哈德逊河中被发现的,随后大量的实验室多氯联苯脱氯研究也是以这两条河的沉积物为对象。然而,所有的实验室多氯联苯脱氯研究或者使用 Arolcor 商业产品或者使用一种或少数几种多氯联苯单体作为代谢底物。使用 Aroclor 商业产品的时候,由于其是几十种多氯联苯单体的混合物,再加上出现的多种脱氯产物,现有的化学检测方法存在共析等原因无法做到将所有出现的多氯联苯一一鉴别定量。而使用一种或少数几种多氯联苯单体进行研究的时候,尤其是为了检验的方便仅选取一个苯环上有氯原子的多氯联苯时,所能观察到的脱氯路径信息非常有限。为了克服上述缺点,我们选取一系列多氯联苯跟踪对作为母体进行脱氯研究。多氯联苯跟踪对选取的原则有以下五点:(1)单体在 Aroclors 中含量较高或毒性较高(类二噁英多氯联苯);(2)大部分单体在此前多氯联苯脱氯研究中被关注过;(3)研究单体包括低含氯量、中等含氯量和高含氯量多氯联苯;(4)选取的任意一个多氯联苯单体不能成为其他选取单体理论上的一代脱氯子产物;(5)选取的所有多氯联苯单体(母体)和它们的一代脱氯子产物,在 GC-μECD 色谱图上不存在共析现象。同时满足这五个选取原则的多氯联苯单体仅有约 30~40 个,从中我们选取了两组共 13 个,所选多氯联苯的结构及相关信息见表 3.1。混合物一(PCB *Mixture* 1)包含了跟踪对 5/12、64/71、105/114 和 149/153/170。混合物二(PCB *Mixture* 2)包含了跟踪对 5/12、64/71、82/97/99、144/170。每组混合物均有 9 种单体。所选的多氯联苯单体、其理论上的一代子产物,以及体系中可能出现的共析物如图 3.1 和 3.2 所示。根据 Aroclor 产品中跟踪对比值和混合物总浓度 50 mg/kg(本章和后续章节以泥浆(Slurry)质量计算),设计沉积物微环境(Microcosm)中的多氯联苯单体浓度(表 3.2)。PCB 5 (23-

CB)/PCB 12(34-CB)和 PCB 64(236-4-CB)/PCB 71(26-34-CB)在 PCB *Mixture* 1 和 PCB *Mixture* 2 中的浓度一致。PCB 170(2345-234-CB)在 PCB *Mixture* 1 和 PCB *Mixture* 2 中均有出现,但 *Mixture* 2 中的浓度是 *Mixture* 1 中浓度的两倍多。此前曾有报道显示,一些多氯联苯单体自身可以引导其他多氯联苯单体脱氯[57]。因此,本研究的多氯联苯选择有助于更好地理解:(1)相同水平的多氯联苯单体(PCB 5、12、64、71)在不同多氯联苯组成环境中的脱氯行为;(2)不同水平的同一种多氯联苯单体(PCB 170)在不同多氯联苯组成环境中的脱氯行为。而同时选取哈德逊河和格拉斯河沉积物可以更好地研究不同沉积物类型对脱氯速率、程度和路径的影响。最后本章中还建立了一种基于相邻氯取代情况判断脱氯偏好甄别脱氯路径的方法。

表 3.1　研究选择的 13 种多氯联苯单体相关信息

| 单体 | 涉及代谢路径数 | | Aroclors 中的百分含量 | | | 健康风险 |
	DPs	CTDPGs	>0.5%	>2%	>5%	类二噁英
PCB 5	2	5	√			无
PCB 12	0	5	√			无
PCB 64	3	6		√		无
PCB 71	5	10		√		无
PCB 105	2	10			√	有
PCB 114	0	4	√			有
PCB 149	3	11			√	无
PCB 153	3	3			√	无
PCB 170	4	12		√		无
PCB 82	1	8	√			无
PCB 97	0	12		√		无
PCB 99	5	11		√		无
PCB144	0	2	√			无

表 3.2　实验微环境中的多氯联苯理论浓度

IUPAC#	结构	PCB *Mixture* 1 (mg/kg)	PCB *Mixture* 2 (mg/kg)
PCB 5	23	5.77	5.77
PCB 12	34	4.23	4.23

续表 3.2

IUPAC #	结构	PCB Mixture 1 (mg/kg)	PCB Mixture 2 (mg/kg)
PCB 64	236-4	6.31	6.31
PCB 71	26-34	3.69	3.69
PCB 82	234-23	—	3.53
PCB 97	245-23	—	6.78
PCB 99	245-24	—	9.69
PCB 105	234-34	9.36	—
PCB 114	2345-4	0.64	—
PCB 144	2346-25	—	1.25
PCB 149	236-245	7.78	—
PCB 153	245-245	8.52	—
PCB 170	2345-234	3.71	8.75
总浓度		50.0	50.0

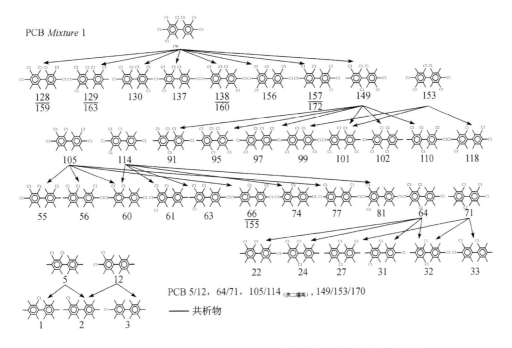

图 3.1　PCB Mixture 1 中的跟踪对母体及其理论一代脱氯子产物

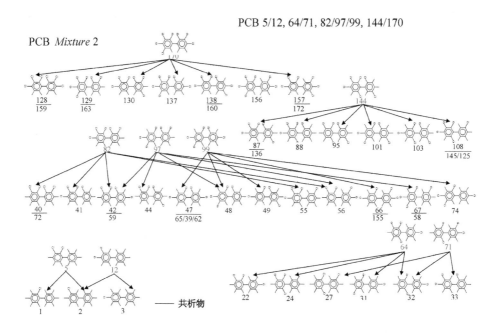

图 3.2　PCB *Mixture 2* 中的跟踪对母体及其理论一代脱氯子产物

3.1　哈德逊河和格拉斯河沉积物理化性质

哈德逊河表层沉积物（0～10 cm）采集于纽约州 Moreau 地区（北美洲基准面［NAD83］N：1609914.5；E：733570.1）；格拉斯河表层沉积物（0～10 cm）采集于纽约州 Massena 地区（北美洲基准面［NAD83］N：2232531.2；E：410169.2）。通过研究对比，两种沉积物的基本理化性质如表 3.3 所示。格拉斯河沉积物中重金属含量尤其是 Al 和 Fe 的含量远高于哈德逊河沉积物，这是由于格拉斯河采样点靠近美国铝业公司排放口 Outfall 001。如第 1 章所述，重金属离子既可以充当竞争电子受体抑制多氯联苯脱氯又可以沉淀有毒硫化物促进脱氯菌的生长。因而，重金属水平的差异很可能造成两种沉积物不同的脱氯行为。从有机碳（TOC）的含量看，哈德逊河沉积物属于贫碳（有机碳含量 1% 左右），而格拉斯河沉积物属于富碳。沉积物孔隙水和河水的基本理化性质如表 3.4 所示。两种沉积物本底多氯联苯分布情况如表 3.5 所示。总体来说，哈德逊河的 Fe 含量远远低于格拉斯河，SO_4^{2-} 含量则远远高于格拉斯河。两种沉积物本底多氯联苯总量相当,但分布上哈德逊河沉积物低氯联苯较多。

表 3.3　哈德逊河和格拉斯河沉积物理化性质

理化参数	哈德逊河	格拉斯河	分析方法
同步萃取重金属［SEM］(nmole/g#)			
Cd	0.44	3.3	
Cu	89	230	
Hg	0.013	0.024	EPA SEM
Ni	63	140	
Pb	65	73	
Zn	800	2 100	
ICP-MS(mg/kg)			
Al	2 350	10 100	
Co	1.8	7.9	
Cu	4.1	18.8	SW846 6020
Fe	5 310	18 000	
Mn	40.5	505	
Ni	3.1	14.2	
非金属参数			
酸挥发硫化物(AVS)(mmole/kg)	ND*	6.4	EPA AVS
总磷(TP)(mg/kg)	559	2 400	MCAWW 365.1
总固体残留(%)	74.3	33.2	MCAWW 160.3 Mod
总碳(TC)(%)	1.29	6.02	EPA 415.3
总无机碳(TIC)(%)	ND	0.27	
总有机碳(TOC)(%)	1.26	5.73	

#:质量单位均以干重计算; * ND:未检出

表 3.4　哈德逊河和格拉斯河河水及沉积物孔隙水基本理化性质

参数	哈德逊河		格拉斯河	
	河水	孔隙水	河水	孔隙水
电导率(microS/cm)	1 290	1 630	180	230
pH	7.3	7.4	6.8	6.8
F^-(mg/L)	0.02	0.35	0.10	0.53
Cl^-(mg/L)	27.3	21.5	9.2	10.0
Br^-(mg/L)	0.11	0.07	0.11	0.15
NO_2^-(mg/L)	0.86	2.67	0.08	0.64
NO_3^-(mg/L)	0.61	51.36	0.11	0.27
PO_4^{3-}(mg/L)	0.05	0.38	0.005	0.68
SO_4^{2-}(mg/L)	131.8	174.5	17.0	4.11

表 3.5 哈德逊河和格拉斯河沉积物多氯联苯分布

参数	哈德逊河	格拉斯河
总浓度(mg/kg)	1.59	1.63
同系物分布(%)		
一氯(Mono)	11.37	7.52
二氯(Di)	43.58	18.98
三氯(Tri)	25.38	18.56
四氯(Tetra)	16.30	20.46
五氯(Penta)	3.12	13.41
六氯(Hexa)	0.26	9.65
七氯(Hepta)	0.00	8.36
八氯(Octa)	0.00	2.05
九氯(Nona)	0.00	1.00
十氯(Deca)	0.00	0.00
CPB	2.43	3.52
邻位	1.09	1.65
间位	0.76	1.18
对位	0.58	0.70
Cl(%)	36.2	45.3

3.2 沉积物微环境中产甲烷情况

甲烷在哈德逊河和格拉斯河添加多氯联苯的微环境和未添加多氯联苯的对照组(Live controls)中均有检出,在经过高压灭菌的沉积物微环境(Killed controls)中则无检出。图 3.3 展示了各组沉积物微环境中产甲烷量随反应时间的变化。其中哈德逊河沉积物微环境中,添加 PCB *Mixture* 1 的组以 H-1 表示;添加 PCB *Mixture* 2 的组以 H-2 表示;不添加 PCB 的对照组以 H 表示。格拉斯河沉积物微环境中,添加 PCB *Mixture* 1 的组以 G-1 表示;添加 PCB *Mixture* 2 的组以 G-2 表示;不添加 PCB 的对照组以 G 表示(本书后面章节同此表示方式)。分析结果显示,格拉斯河沉积物微环境中的甲烷产量普遍高于哈德逊河沉积物。而多氯联苯的添加可以显著影响甲烷的产量,且影响的程度和添加的多氯联苯组成有关。当反应进行了 51 周后,H-1 共产生了 4.6 ± 0.3 mmol/kg 泥浆的甲烷,比不添加多氯联苯的 H 组高出了约 1.0 mmol/kg。与此同时,H-2 的甲烷产量在 3.0 ± 0.1 mmol/kg,显著低于 H-1 和 H 组。而对于格拉斯河沉积物微环境,G-1 和 G-2 组在 51 周中分别产生

了(14.4±0.4) mmol/kg 和(15.3±0.4) mmol/kg 的甲烷,均高于格拉斯河
的无多氯联苯对照组 G(12.6±1.0 mmol/kg)。我们可以发现,PCB *Mixture*
2 的添加在哈德逊河表现出对产甲烷的抑制,而在格拉斯河中则显著增强了
产甲烷作用。然而,从影响程度的大小来看,多氯联苯的组成对产甲烷的影响
要远远小于沉积物类型不同对产甲烷的影响。此前的研究中也发现产甲烷作
用对多氯联苯脱氯的影响呈现沉积物特异性并与多氯联苯的选择有
关[35, 63, 67, 93, 96, 127]。其中一些显示产甲烷菌直接参与了多氯联苯单体或
者 Aroclor 1242 在巴尔的摩港、哈德逊河和基隆河的脱氯反应[35, 67, 96]。另
一些则发现哈德逊河沉积物微环境中 PCB 21(234-CB)或 Aroclor 1242 的脱
氯和产甲烷作用并无联系[63, 93]。上述有争议的研究结果是由于参与脱氯活
动的微生物不同造成的。例如,*o*-17/DF-1 是两种多氯联苯脱氯菌,前者脱去
邻位氯原子,后者脱掉双侧氯取代的氯原子,这两种菌都不需要产甲烷菌作为
共生菌[34, 67]。

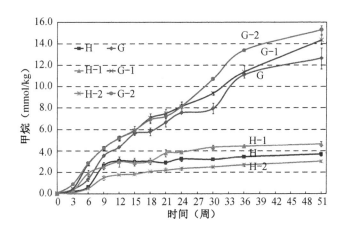

图 3.3　沉积物微环境中甲烷产量随时间的变化

H:哈德逊河无多氯联苯对照;G:格拉斯河无多氯联苯对照;H-1:哈德逊河添加 PCB *Mixture* 1;H-2:哈德
逊河添加 PCB *Mixture* 2;G-1:格拉斯河添加 PCB *Mixture* 1;G-2:格拉斯河添加 PCB *Mixture* 2;数据点
为微环境样品的平均值(n=3);误差棒代表标准方差

　　本研究中甲烷产量的变化与沉积物类型关系密切。如图 3.3 所示,使用
哈德逊河沉积物的组(H-1,H-2,H)中甲烷生成速率随反应时间的延长而减
慢。最高速率出现在 9 周之前。随后,甲烷的生成速率在无多氯联苯的 H 对
照组中几乎降到了零。而在 H-1 和 H-2 组中,甲烷量在 9 周到 21 周中仍有
缓慢增长,21 周后则无明显上升。相比之下,使用格拉斯河沉积物的组(G-1,

G-2,G)在长达51周的反应中始终保持较高的产甲烷活性。这可能是由于两个河流沉积物中的有机碳含量不同。格拉斯河沉积物处于富碳环境,哈德逊河沉积物则处于贫碳环境(见表3.3)。哈德逊河中产甲烷菌的生长受到有机碳的限制。

3.3 沉积物微环境中的多氯联苯

3.3.1 多氯联苯总量

多氯联苯质量浓度随时间的变化如图3.4所示。从图中可以看出,所有添加多氯联苯的实验组均发生了深度脱氯反应。对比各组的反应滞后期、反应51周后的多氯联苯残留情况等发现,多氯联苯总质量的降低与沉积物类型的关系更为密切(表3.6)。无论添加的是哪种多氯联苯混合物,多氯联苯总量在同一沉积物中水平非常相近。在哈德逊河沉积物微环境中,多氯联苯总量降低了约25%;而在格拉斯河沉积物微环境中,多氯联苯减少了约35%。格拉斯河沉积物较哈德逊河沉积物脱氯更显著。然而,脱氯反应的滞后期长短和脱氯随时间的变化趋势和沉积物类型、添加多氯联苯的组成均有关联。H-1组的滞后期为3到6周,H-2组的滞后期为6到9周。与之对应,G-1组

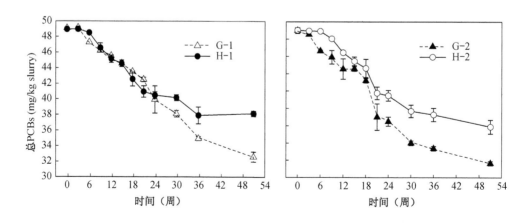

图3.4　H-1、G-1、H-2、G-2组中多氯联苯总量随时间变化趋势图

数据点为微环境样品的平均值($n=3$);误差棒代表标准方差

的滞后期在 3 周左右,G-2 组的滞后期则小于 3 周。换句话说,格拉斯河沉积物比哈德逊河沉积物滞后期要短,相对于 PCB *Mixture 2*,PCB *Mixture 1* 的添加延长了格拉斯河沉积物的滞后期,缩短了哈德逊河沉积物的滞后期。进一步分析发现两种沉积物的脱氯速率(多氯联苯总量降低速率)在 9 周到 24 周的时间范围内基本持平,但在 24 周之后哈德逊河沉积物中的脱氯反应明显放缓,而格拉斯河沉积物则仍保持较高的脱氯速率。必须指出的是,沉积物微环境中的脱氯速率不能直接等同于原位修复中的脱氯速率。实验室微环境中补充了营养元素、维生素并保持了微生物生长适宜的反应温度。

表 3.6　H-1、G-1、H-2、G-2 组脱氯情况对比

沉积物	多氯联苯底物	组号	滞后期(周)	51 周后总残留多氯联苯	
				质量 (mg/kg)	百分比 (%)
哈德逊河	*Mixture 1*	H-1	3～6	38.1±0.4*	76.2±0.8
	Mixture 2	H-2	6～9	37.9±0.8	75.8±1.6
格拉斯河	*Mixture 1*	G-1	3	32.6±0.7	65.2±1.4
	Mixture 2	G-2	<3	33.6±0.2	67.2±0.4

＊平均值±标准差($n=3$)

　　理论上说,除非所有氯原子都被取代,多氯联苯脱氯程度都是有限的,即分子总数不变仅氯原子数减少。排除实验误差,微环境体系中多氯联苯总摩尔数的降低则是由于一部分多氯联苯分子完全脱氯到联苯造成的。本研究中,多氯联苯摩尔浓度随时间的变化如图 3.5 所示。所有实验组 H-1、G-1、H-2、G-2 中多氯联苯摩尔浓度均有显著性降低($p<0.001$)。单体分析发现,多氯联苯摩尔数的降低主要是由于 PCB 12(34-CB)的完全脱氯。G-1 组 51

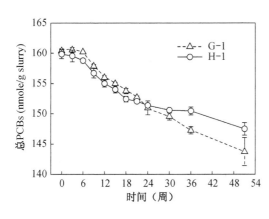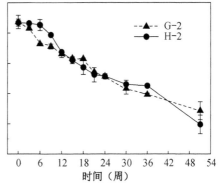

图 3.5　H-1、G-1、H-2、G-2 组中多氯联苯摩尔浓度随时间的变化

数据点为微环境样品的平均值($n=3$);误差棒代表标准方差

周后的摩尔数降低最多,这是由于除了 PCB 12 完全脱氯之外,有一个邻位氯原子的多氯联苯 PCB 5(23-CB)、PCB 105(234-34-CB)和 PCB 114 (2345-4-CB)在 36 周后也存在一定的完全脱氯。然而,哈德逊河沉积物中并没有检测到邻位脱氯,格拉斯河沉积物中也没有观察到两个或两个以上邻位氯原子的多氯联苯存在邻位脱氯。

完全脱氯的产物只有联苯一种。在厌氧封闭的沉积物微环境中,联苯无法挥发或氧化,因此联苯的存在是多氯联苯完全脱氯的有力证据。我们随机选择微环境样品送至北达科他大学能源环境研究中心进行检测,结果显示联苯在哈德逊河和格拉斯河添加了多氯联苯的微环境样品中均有存在,而在未添加多氯联苯的样品中则少有检出。由于在这两种沉积物中缺乏其他可能的联苯来源(如多环芳烃),因此我们可以认定联苯来源于多氯联苯的完全脱氯。

3.3.2 CPB

CPB 曾被广泛用于多氯联苯脱氯研究中脱氯速率和程度的估算[42, 55, 57, 79, 100, 126, 127]。由于 CPB 值和多氯联苯的总浓度无关,仅与多氯联苯的组成有关,因而被用于不同多氯联苯脱氯研究的结果比较。然而,CPB排除了完全脱氯的多氯联苯,会造成对脱氯的低估。图 3.6 展示了各微环境组中 CPB 随时间的变化。格拉斯河沉积物微环境中脱去的氯原子数要多于哈德逊河沉积物微环境。反应 51 周后剩余的氯原子数从少到多的排列顺序为 G-1≤G-2＜H-1≤H-2。无论多氯联苯总质量的减少速率是快是慢,多氯

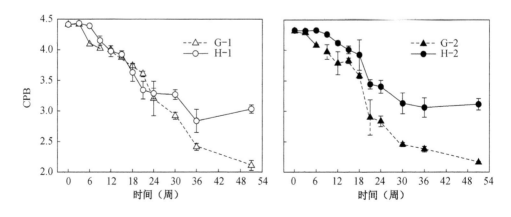

图 3.6 H-1、G-1、H-2、G-2 组中 CPB 随时间的变化

数据点为微环境样品的平均值($n=3$);误差棒代表标准方差

联苯所能达到的最大减少量是由脱氯程度决定的。Rhee 等[128]基于脱氯实验结果提出过一种三阶段 CPB 曲线模型，包括水平滞后期、快速下降期和水平平台期。在本章中，我们发现格拉斯河沉积物微环境在 1 年的反应后仍未达到水平平台期，也就是说格拉斯河沉积物仍有继续脱氯的潜力。与之相反，哈德逊河沉积物有明显的平台期出现，因此我们可以认为反应 36 周后，哈德逊河沉积物微环境已经达到了其最大脱氯程度。

尽管 CPB 是一个很好的脱氯指示指标，它还是存在两个问题。第一个就是我们前面提及的低估脱氯问题；第二个则是缺乏脱氯目标氯原子相邻环境的相关信息。第一个问题我们已经通过第 3.3.1 节中的多氯联苯完整单体分析和联苯分析得以解决。第二个问题则困扰了研究者很多年。一些研究者分别研究邻位（ortho）、间位（meta）、对位（para）或间位＋对位（meta＋para）氯原子数来确定脱氯目标氯原子位置[19, 95, 129]。然而，氯原子的脱去不仅仅和其位于邻位、间位还是对位有关更和脱氯类型（Dechlorination Pattern）有关[31, 58, 66, 128, 129]。本研究中，我们提出了一种新的氯原子归类方法，使之可以同时提供目标氯原子的位置信息和脱氯类型相关信息。在基本的邻、间、对分类的基础上，氯原子细分成 9 类，分别是无相邻氯取代的邻位氯原子（Unflanked Ortho，UF Ortho），有相邻氯取代的邻位氯原子即间位氯取代的邻位氯原子（Flanked Ortho 又称 Single-flanked Ortho，SF Ortho）；无相邻氯取代的间位氯原子（Unflanked Meta，UF Meta），仅有邻位氯取代的间位氯原子（Ortho-flanked Meta，OF Meta），仅有对位氯取代的间位氯原子（Para-flanked Meta，PF Meta），有双侧氯取代的间位氯原子（Double-flanked Meta，DF Meta）；无相邻氯取代的对位氯原子（Unflanked Para，UF Para），单侧氯取代的对位氯原子即间位氯取代的对位氯原子（Single-flanked Para，SF Para），有双侧氯取代的对位氯原子（Double-flanked Para，DF Para）。多氯联苯分子上的任一氯原子都可以被归入上述 9 类之一。

由于联苯键占据了一个侧位，邻位氯原子相对来说最简单仅有两种不同环境情况。图 3.7 展示了各环境下的邻位氯原子/联苯（OCPB）随时间的变化。总体来说，邻位氯原子数保持在较高的水平，甚至在前 36 周内随着反应时间的延长，OCPB 有少量的增加。OCPB 值在 H-1 组中从 1.57 增大到 1.69，在 G-1 组中从 1.57 增大到 1.70，在 H-2 组中从 1.65 增加到 1.82，在 G-2 组中则从 1.65 增加到 1.77。这是由于完全脱氯使得多氯联苯总摩尔浓度随时间降低，而在哈德逊河沉积物微环境中无邻位脱氯现象,在格拉斯河也是在 36 周后才出现邻位脱氯造成的。从 36 周到 51 周,G-1 组的 OCPB 值从 1.70 降到 1.60,其原因是邻位脱氯的影响超过了多氯联苯总摩尔浓度降低的影响。在所关注的四个实验组 H-1、G-1、H-2、G-2 中,UF *Ortho* 氯原子随反应时间的增加而上升;与之相对,Flanked *Ortho* 氯原子随反应时间的增加而下降。因为在哈德逊河沉积物中没有观察到邻位脱氯,而在格拉斯河沉积物中邻位脱氯也极其有限,所以有邻位氯取代的氯原子,即 OF *Meta* 和 DF *Meta*,是各实验组中脱氯的主要目标。值得注意的是,反应 51 周后,格拉斯河沉积物微环境中几乎没有 Flanked *Ortho* 存在,几乎所有残留的邻位氯原子都属于 UF *Ortho*。与之相对,反应 51 周后,大约 0.2 和 0.3 的残留 Flanked *Ortho* 分别出现在 H-1 和 H-2 组中,而且从图中趋势可知,Flanked *Ortho* 已经进入了平台期,进一步的间位脱氯不再进行。此外,我们所观察到的有限的邻位脱氯主要进攻的是 UF *Ortho*。

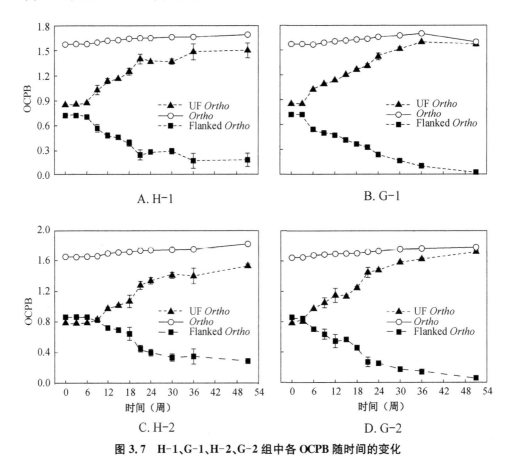

图 3.7 H-1、G-1、H-2、G-2 组中各 OCPB 随时间的变化

数据点为微环境样品的平均值($n=3$);误差棒代表标准方差

间位氯原子有 UF *Meta*、OF *Meta*、PF *Meta* 和 DF *Meta* 四种环境分类。间位氯原子/联苯(MCPB)随时间的变化如图 3.8 所示。MCPB 值随反应时间的增长而降低,但降低的速率和程度在四个实验组中有明显差异。反应 51 周后,H-1 组中 MCPB 值由 1.6 降至 0.6;H-2 组则由 1.5 降至 0.6。哈德逊河沉积物微环境中约有 60% 的间位氯原子被氢原子取代。与此同时,平台的出现意味着间位脱氯的最大程度已经达到,仅延长反应时间并不能大量促进间位脱氯继续进行。格拉斯河沉积物微环境较之哈德逊河沉积物微环境呈现出更广的间位脱氯。51 周时已有超过 85% 的间位氯原子被氢原子取代,且从 MCPB 降低的趋势线可知,间位脱氯尚未达到平台期,延长反应时间可继续强化间位脱氯。研究同时也发现,间位脱氯速率和添加的多氯联苯组成有关。在添加了 PCB *Mixture* 1 的实验组,即 H-1 和 G-1 组中,快速下降期的间位

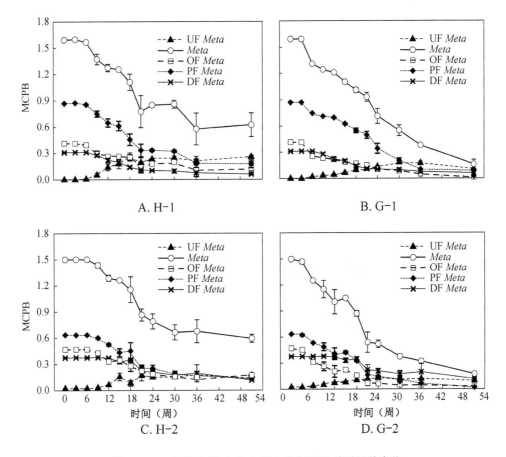

图 3.8　H-1、G-1、H-2、G-2 组中各 MCPB 随时间的变化

数据点为微环境样品的平均值($n=3$);误差棒代表标准方差

脱氯速率基本相当。而在添加了 PCB Mixture 2 的实验组，即 H-2 和 G-2 组中，H-2 的间位脱氯速率要远远小于 G-2 的间位脱氯速率。尽管 MCPB 的快速降低说明无论是哈德逊河还是格拉斯河都是以间位脱氯为主，但脱氯类型必须通过比较间位氯原子的环境类型来获得。如图 3.8 所示，UF Meta 先增后减，考虑到邻位脱氯在反应前期（0～36 周）并未出现，UF Meta 的增加只可能是 SF Para/DF Para 发生脱氯引起的。随后 UF Meta 的减少则说明 UF Meta 脱氯是哈德逊河和格拉斯河沉积物的脱氯类型之一。分析 OF Meta 的变化趋势并结合 36 周前缺乏邻位脱氯发现，OF Meta 的减少是 OF Meta 氯原子自身脱去造成的。进一步分析发现，Flanked Ortho 的减少速率要远大于 OF Meta 的减少速率，这说明间位脱氯除了发生在 OF Meta 上，也同时发生在 DF Meta 上。通过对比 MCPB 的降低和每个具体环境类型中间位氯原子的减少情况可以发现，间位脱氯以 PF Meta 为主。这个结论和此前研究中得到的当有对位取代氯的时候体系中以间位脱氯为主保持一致[31, 58]。因此，间位脱氯在 UF Meta、OF Meta、PF Meta 和 DF Meta 上均可发生。

对位氯原子可以分为 UF Para、SF Para 和 DF Para 三种情况。对位氯原子/联苯（PCPB）随时间的变化如图 3.9 所示。从图中可见，对位脱氯在哈德逊河和格拉斯河沉积物中都有出现，格拉斯河沉积物相对于哈德逊河沉积物更倾向于对位脱氯。然而，无论哪种沉积物类型，对位脱氯的程度远低于间位脱氯。反应 51 周后，哈德逊河沉积物微环境中对位氯原子减少了约 50%，而同期间位氯原子减少 60%，且对位氯原子的平台期也已出现。在格拉斯河沉积物微环境中，51 周后 G-1 和 G-2 组的对位氯原子分别减少了约 75% 和 80%，与此同时，间位氯原子减少了超过 85%。图 3.9 显示，由于相邻间位氯原子的脱落，UF Para 首先呈现上升趋势，紧接着以 UF Para 自身的脱氯为主，从而呈现显著的下降趋势。对比发现，SF Para 的减少速率要超过对位脱氯的总速率，这说明：(1)对位脱氯以有相邻氯取代的对位氯原子为主；(2)同时含有至少一个间位和一个对位取代氯基团的间位脱氯作用不可忽略。DF Para 随反应时间持续下降，这是间位和对位脱氯共同作用的结果。此外，反应进行 51 周后，在格拉斯河沉积物微环境中剩余的对位氯原子几乎都是以 UF Para 的形式存在，这说明对于含有 34-氯取代的基团或 345-氯取代的基团以间位脱氯为主导。

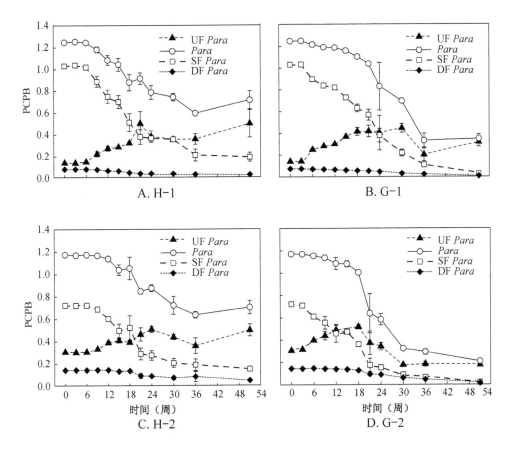

图 3.9　H-1、G-1、H-2、G-2 组中各 PCPB 随时间的变化

数据点为微环境样品的平均值($n=3$)；误差棒代表标准方差

　　综上所述，格拉斯河沉积物较之哈德逊河沉积物间位和对位脱氯都更强。邻位脱氯(UF *Ortho*)仅出现在反应进行了 36 周以上的格拉斯河沉积物微环境中。9 种具体氯原子位置中仅有 Flanked *Ortho* 的脱氯未有检出。间位和对位脱氯都是以有相邻氯取代的氯原子为主，UF *Meta* 和 UF *Para* 脱氯相对较少。

3.3.3　多氯联苯跟踪对

　　Karcher 等[98]和 Hughes 等[59]都认为多氯联苯跟踪对(TP)可被用于描述沉积物微环境中的脱氯行为。但至今跟踪对法的可行性尚未在实验室得到验证。本研究在选取多氯联苯单体时设计 PCB *Mixture* 1 和 PCB *Mixture* 2 各包含 6 对跟踪对，其中 2 对在两组混合物中重复出现。

　　图 3.10 是 2 对重复出现的跟踪对 PCB 5/12 和 PCB 64/71 在哈德逊河和

格拉斯河沉积物微环境中随时间的变化。如图所示,这两对跟踪对在不同沉积物类型和不同多氯联苯混合物中的变化趋势非常类似。PCB 5/12 的比值与 PCB 64/71 的比值都是首先呈现快速下降趋势,这意味着 PCB 5 和 PCB 64 的相对脱氯速率要大于 PCB 12 和 PCB 71。到 18 到 21 周时,比值趋向稳定,说明跟踪对中的多氯联苯单体相对脱氯速率基本一致。24 周后相对脱氯速率出现了反转,PCB 12 和 PCB 71 的速率超过了 PCB 5 和 PCB 64,跟踪对比值开始上升。此外,通过对比两种不同类型沉积物中 PCB 5/12 和 PCB 64/71 的变化,我们发现了两个规律。第一,格拉斯河沉积物中追踪比值降得更快,也就是说每对跟踪对中的两个多氯联苯单体的相对脱氯速率差别更大,通过分析 PCB 5(23-CB)、PCB 12(34-CB)、PCB 64(236-4-CB)和 PCB 71(26-34-CB)的结构,我们认为格拉斯河沉积物中的脱氯微生物更易于脱去 OF *Meta* 氯原子;第二,观察到的两对跟踪对的最小比值保持一致,与多氯联苯混合物

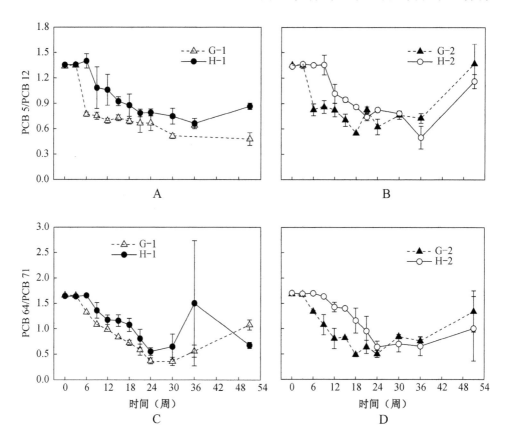

图 3.10　H-1、G-1、H-2、G-2 组中跟踪对 PCB 5/12 和 PCB 64/71 随时间的变化

数据点为微环境样品的平均值($n=3$);误差棒代表标准方差

组成无关,PCB 5/12 的最小比值分别是 0.66±0.06(H-1)、0.50±0.13(H-2)、0.48±0.07(G-1)和 0.55±0.01(G-2),PCB 64/71 的最小比值分别是 0.56±0.07(H-1)、0.64±0.11(H-2)、0.36±0.08(G-1)和 0.50±0.07 (G-2),在同一沉积物类型中,最小比值均无显著性差异($p>0.05$)。值得注意的是,H-1 组在 36 周时的 PCB 64/71 比值方差很大(见图 3.10C),分析多氯联苯单体浓度数据发现,这是由于三个平行样中的一个 PCB 71 降解率很高,而 PCB 64 的降解率和其他两个平行样在同一水平造成的。

PCB *Mixture* 1 里其他 4 对跟踪对 PCB 105/114、PCB 149/153、PCB 149/170 和 PCB 153/170 的变化如图 3.11 所示。在哈德逊河和格拉斯河沉积物中 PCB 105/114 和 PCB 153/170 的比值都是随时间而降低,且格拉斯河降低的速度更快。在格拉斯河沉积物微环境中,PCB 149 的相对降解速率比 PCB 170 高,而在哈德逊河沉积物中正好相反,PCB 170 的相对降解速率要高于 PCB 149,因此呈现出格拉斯河下降、哈德逊河上升的趋势(图 3.11C)。与

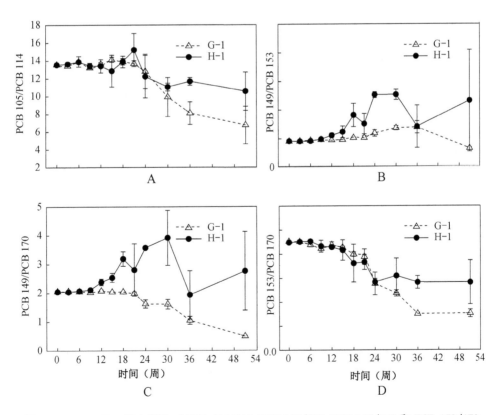

图 3.11　H-1、G-1 组中跟踪对 PCB 105/114、PCB 149/153、PCB 149/170 和 PCB 153/170 随时间的变化

数据点为微环境样品的平均值($n=3$);误差棒代表标准方差

之相关，PCB 149/153 的比值也在变化(图 3.11B)。其中在前 30 周内，比值都在上升，且哈德逊河沉积物微环境上升得比格拉斯河沉积物微环境更显著；30 周后格拉斯河沉积物中 PCB 149/153 比值呈下降趋势，而哈德逊河沉积物由于 PCB 149/153 比值的方差都较大所以趋势不明显。

相应地，PCB *Mixture* 2 里其他 4 对跟踪对 PCB 82/97、PCB 82/99、PCB 97/99 和 PCB 144/170 的变化如图 3.12 所示。总体来说，在两种沉积物中跟踪对 PCB 82/99、PCB 97/99 和 PCB 144/170 都呈现下降趋势，且都是格拉斯河沉积物微环境中降低得更快。格拉斯河中跟踪对 PCB 82/97 的变化可分为三段(图 3.12A)，第一阶段，PCB 82 的相对脱氯速率更快，因而比值下降；第二阶段，PCB 82 的相对脱氯速率小于 PCB 97 的相对脱氯速率，比值上升；到 30 周后进入第三阶段，PCB 82 和 PCB 97 等比例降解，因此比值保持稳定，但低于其在 Aroclor 中的原始比例。哈德逊河沉积物微环境中的跟踪对 PCB 82/97 变化规律不明显，且在反应期大部分时间点的比值和 Aroclor 原始比值并无显著差异。

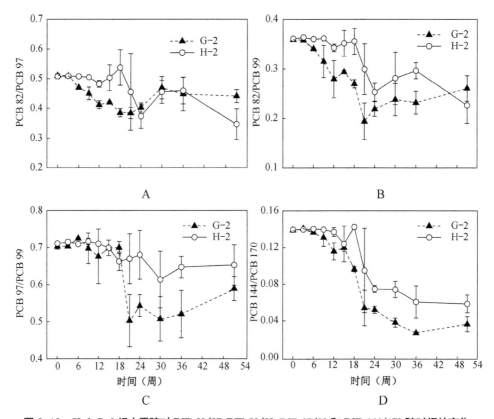

图 3.12　H-2、G-2 组中跟踪对 PCB 82/97、PCB 82/99、PCB 97/99 和 PCB 144/170 随时间的变化
数据点为微环境样品的平均值($n=3$)；误差棒代表标准方差

　　综上所述,本研究证实了在实验室条件下多氯联苯跟踪对比值随着脱氯的进行会发生改变,且比值的变化趋势较为复杂,并非简单的升高或者降低。此前,有研究认为多氯联苯脱氯反应是存在阈值的一级反应并估算了脱氯速率常数[130]。在本研究中的跟踪对比值变化也可以用一级脱氯模型来解释,即由于脱氯速率常数不同,比值相应发生变化。对比发现,一级脱氯模型只在快速变化阶段,即一级反应的指数阶段,可被较好地拟合。当多氯联苯单体的降解进入平台期,脱氯速率减慢的时候,跟踪对比值变化趋势则会相应改变。

3.3.4　脱氯路径

　　如第 1 章所述,209 种多氯联苯共有 840 条理论脱氯路径,这些路径中仅有 108 条在 8 组脱氯历程(DPs)中有所报道。而基于分类树模型拓展的这 8 组脱氯历程(CTDPGs)将可能出现的脱氯路径增加到 486 条[59]。表 3.7 总结了本章研究中出现的多氯联苯单体(母体)、一代脱氯子产物及脱氯路径信息。

表 3.7　一代脱氯子产物和脱氯路径相关信息

母体	子产物	目标氯原子	DPs	CTGPGs	沉积物类型	产物相对量
PCB 5 (23-)	PCB 1 (2-)	OF *Meta*	是	是	哈德逊 格拉斯	大量
PCB 12 (34-)	PCB 2 (3-)	SF *Para*	否	是	哈德逊 格拉斯	微量
	PCB 3 (4-)	PF *Meta*	否	是	哈德逊 格拉斯	大量
PCB 64 (236-4-)	PCB 24 (236-)	UF *Para*	否	是	格拉斯	痕量
	PCB 32 (26-4)	OF *Meta*	是	是	哈德逊 格拉斯	大量
PCB 71 (26-34-)	PCB 27 (26-3)	SF *Para*	是	是	哈德逊 格拉斯	中等
	PCB 32 (26-4)	PF *Meta*	是	是	哈德逊 格拉斯	大量
PCB 105 (234-34-)	PCB 55 (234-3-)	SF *Para*	否	是	哈德逊 格拉斯	少量
	PCB 56 (23-34-)	SF *Para*	否	是	哈德逊 格拉斯	少量
	PCB 60 (234-4-)	PF *Meta*	否	是	哈德逊 格拉斯	少量
	PCB 66 (24-34-)	DF *Meta*	是	是	哈德逊 格拉斯	少量

续表 3.7

母体	子产物	目标氯原子	DPs	CTGPGs	沉积物类型	产物相对量
PCB 114 (2345-4-)	PCB 60 (234-4-)	PF *Meta*	否	是	哈德逊 格拉斯	少量
	PCB 61 (2345-)	UF *Para*	否	是	哈德逊 格拉斯	少量
	PCB 63 (235-4-)	DF *Para*	否	是	哈德逊 格拉斯	少量
	PCB 74 (245-4-)	DF *Meta*	否	是	哈德逊 格拉斯	少量
PCB 149 (236-245-)	PCB 91 (236-24-)	PF *Meta*	是	是	哈德逊 格拉斯	少量
	PCB 95 (236-25-)	SF *Para*	是	是	哈德逊 格拉斯	少量
	PCB 102 (245-26-)	OF *Meta*	否	是	哈德逊 格拉斯	少量
PCB153 (245-245-)	PCB 99 (245-24-)	PF *Meta*	是	是	哈德逊 格拉斯	少量
	PCB 101 (245-25-)	SF *Para*	是	是	哈德逊 格拉斯	少量
PCB82 (234-23-)	PCB 40 (23-23-)	SF *Para*	是	是	哈德逊 格拉斯	少量
	PCB 41 (234-2-)	OF *Meta*	否	是	哈德逊 格拉斯	少量
	PCB 42 (23-24-)	DF *Meta*	否	是	哈德逊 格拉斯	中等
PCB 97 (245-23-)	PCB 42 (23-24-)	PF *Meta*	否	是	哈德逊 格拉斯	中等
	PCB 44 (23-25-)	SF *Para*	否	是	哈德逊 格拉斯	少量
	PCB 48 (245-2-)	OF *Meta*	否	是	哈德逊 格拉斯	微量
PCB 99 (245-24-)	PCB 47 (24-24-)	PF *Meta*	是	是	哈德逊 格拉斯	格拉斯大量 哈德逊中等
	PCB 48 (245-2-)	UF *Para*	否	是	哈德逊 格拉斯	微量
	PCB 49 (24-25-)	SF *Para*	是	是	哈德逊 格拉斯	哈德逊大量 格拉斯中等

续表 3.7

母体	子产物	目标氯原子	DPs	CTGPGs	沉积物类型	产物相对量
PCB 144 (2346-25-)	PCB 88 (2346-2-)	UF *Meta*	否	是	哈德逊	微量
	PCB 95 (236-25-)	SF *Para*	否	否	哈德逊 格拉斯	微量
	PCB 103 (246-25-)	DF *Meta*	否	是	哈德逊 格拉斯	中等
PCB 170 (2345-234-)	PCB 128 (234-234-)	PF *Meta*	否	是	格拉斯	微量
	PCB 129 (2345-23-)	SF *Para*	否	是	哈德逊 格拉斯	微量
	PCB 130 (234-235-)	DF *Para*	是	是	哈德逊 格拉斯	少量到中等
	PCB 137 (2345-24-)	DF *Meta*	否	是	哈德逊 格拉斯	微量
	PCB 138 (234-245-)	DF *Meta*	是	是	哈德逊 格拉斯	微量

在本章的沉积物微环境研究中共观察到 37 条一代脱氯路径,其中的 23 条是没有被包括在报道的 8 组脱氯历程(DPs)中。这 23 条路径中的 22 条包含在拓展脱氯历程中(CTDPGs),也就是说 CTDPGs 模型的可靠性在实验室脱氯实验中得到了验证。值得注意的是,大部分一代脱氯子产物在多氯联苯总量中所占的比例是很小的,尤其是那些有四个或四个以上氯原子的脱氯产物。通过单体特异性分析发现,这些一代子产物充当了下游脱氯的反应中间体。这也可以解释 DPs 中为什么缺失了许多脱氯路径。我们也发现,37 条观察到的脱氯路径中有 35 条在哈德逊河和格拉斯河沉积物中都有出现。但是格拉斯河沉积物的脱氯要比哈德逊河沉积物更广泛。因而,我们认为两种沉积物中多氯联苯脱氯程度的差异并不是由存在的一代脱氯路径的数不同引起的,而是和一代脱氯速率以及下游脱氯的能力大小有关。

反应进行 51 周后,我们在格拉斯河沉积物中发现了少量的邻位脱氯产物。这也是邻位脱氯现象首次在格拉斯河沉积物中被观察到。此前研究中发现的邻位脱氯都发生在含有 2 个或 2 个以上邻位氯原子的多氯联苯单体上[44,48,51,68]。本研究中的的邻位脱氯发生在仅含有 1 个邻位氯原子的多氯联苯单体上,且这些单体上总氯原子数小于等于 3。邻位脱氯的相关路径如表 3.8 所示。其中 PCB 15(4-4-CB)是主要的邻位脱氯产物。由质量守恒计算得出,反应进行了 36 周后,PCB 3(4-CB)浓度的升高不再可能来源于初始添加的 PCB 12(34-CB)(PCB 12 在前 9 周内已经基本消耗),而是来自 PCB 105(2345-4-CB)和 PCB 114(234-34-CB)的脱氯,因而 PCB 7(24-CB)和 PCB 8(2-4-CB)的邻位脱氯也可能存在,当然 PCB 3 也有可能是来自 PCB 13(3-4-CB)的间位脱氯或者 PCB 15(4-4-CB)的对位脱氯。尽管不是所有邻位脱氯的路径能够一一确认,但毋庸置疑 36 周后的格拉斯河沉积物具备了邻位脱氯能力。

表 3.8　邻位脱氯相关路径信息

脱氯单体		脱氯产物	目标氯原子	可能的添加母体
结构	氯数			
PCB 1(2-)	1	联苯	UF *Ortho*	PCB 5(23-), PCB 105(2345-4-), PCB 114 (234-34-)
PCB 7(24-)	2	PCB 3(4-)	UF *Ortho*	PCB 105(2345-4-), PCB 114(234-34-)
PCB 8(2-4-)	2	PCB 3(4-)	UF *Ortho*	PCB 105(2345-4-), PCB 114(234-34-)
PCB 25(24-3-)	3	PCB 13(3-4-)	UF *Ortho*	PCB 114(234-34-)
PCB 28(24-4-)	3	PCB 15(4-4-)	UF *Ortho*	PCB 105(2345-4-), PCB 114(234-34-)

3.4　微生物群落定量分析

我们采用 qPCR 方法研究了沉积物微环境中脱氯相关细菌的 16S rRNA 基因。图 3.13 是各实验组中 *Dehalococcoides* 16S rRNA 基因拷贝数随时间的变化情况。由图可见,哈德逊河沉积物和格拉斯河沉积物本底的 *Dehalococcoides* 水平即有较大差别。时间零点时,格拉斯河的 *Dehalococcoides* 16S rRNA 基因水平是哈德逊河的 10 到 20 倍。通常,我们认为脱氯反应之所以有滞后期,是因为脱氯菌的浓度不够,需要经过一定时间使得脱氯菌浓度达到一定水平才开始进行快速脱氯反应。两种沉积物中天然 *Dehalococcoides* 水平的差异可以用来解释为什么哈德逊河沉积物微环境反应的滞后期要比格拉斯河的长。在 H-1 和 H-2 组中,当反应分别进行了 6 周和 9 周后,*Dehalococcoides* 16S rRNA 基因水平提高了一个数量级。而第 6 周和第 9 周也恰恰是脱氯现象开始被观察到的时期。这个发现说明了 *Dehalococcoides* 的生长和多氯联苯的脱氯相关。前文已经提到,格拉斯河沉积物微环境中的脱氯现象比哈德逊河沉积物微环境中的脱氯要广泛。然后,反应 9 周后,哈德逊河沉积物微环境组(H-1、H-2)的 *Dehalococcoides* 16S rRNA 基因水平比格拉斯河沉积物微环境组(G-1、G-2)中的还要高。这个结果说明两种沉积物中的 *Dehalococcoides* 菌种/株并不相同。而且,在脱氯进行中,格拉斯河沉积物中 *Dehalococcoides* 的增长并不如哈德逊河沉积物中增长得明显。这有两种可能的解释。第一种是因为格拉斯河本身有较多的 *Dehalococcoides* 可以利用其他天然电子受体获得生长需要的能量,当添加了多氯联苯后,这些 *Dehalococcoides* 改为利用多氯联苯作为终端电子受体获取能量;第二种可能是由于所用 *Dehalococcoides* 引物是非菌种/株特异性引物,因而无法追踪某些相关种群的变化,多氯联苯的添加可能改变了 *Dehalococcoides* 群落结构,但这种变化无法在属层面的 *Dehalococcoides* 16S rRNA 基因水平上表现出来。值得注意的是,长时间的反应后(>36 周)所有实验组的 *Dehalococcoides* 16S rRNA

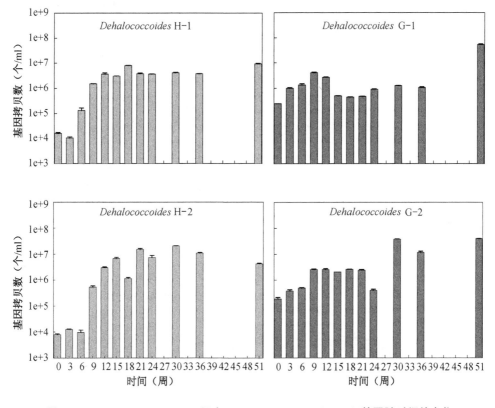

图 3.13　H-1、G-1、H-2、G-2 组中 *Dehalococcoides* 16S rRNA 基因随时间的变化

基因仍保持在高水平,这意味着继续脱氯的能力依旧可能存在。对比 51
周时的哈德逊河和格拉斯河沉积物微环境发现,格拉斯河沉积物中 *Deha-
lococcoides* 16S rRNA 基因拷贝数超过了哈德逊河沉积物,这很可能和格
拉斯河沉积物表现的更广、更持久的脱氯活性有关,也可能与启动的邻位
脱氯有关。

脱氯菌 *o*-17/DF-1 16S rRNA 基因拷贝数随时间的变化如图 3.14 所示。
总体上看,*o*-17/DF-1 16S rRNA 基因水平和沉积物类型有关。在哈德逊河
沉积物微环境中,多氯联苯脱氯的启动并没有伴随着 *o*-17/DF-1 的显著增
加,这意味着哈德逊河沉积物中缺少活性 *o*-17/DF-1 相关种群。与之相对,
在格拉斯河沉积物微环境中 *o*-17/DF-1 的增加较为明显,说明 *o*-17/DF-1 在
其中可能起到催化邻位脱氯和/或双侧氯取代的间位和对位脱氯的作用。结
合联苯单体化学分析的结果,我们认为,*o*-17/DF-1 16S rRNA 基因水平的变
化在反应前半段主要是由于体系中双侧氯取代的间位和对位氯原子较多,
DF-1 在起作用。此后,*o*-17 参与到反应中,起到邻位脱氯作用。由于我们使
用的 16S rDNA 探针并不能区分 *o*-17 和 DF-1,因而这个推断暂时无法得到

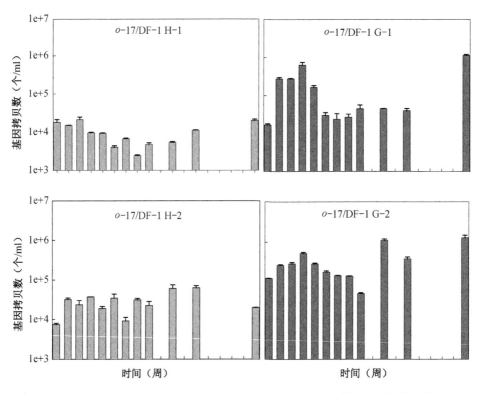

图 3.14　H-1、G-1、H-2、G-2 组中 *o*-17/DF-1 16S rRNA 基因随时间的变化

验证。

　　虽然上面已经讨论了 *Dehalococcoides* 和 *o*-17/DF-1 16S rRNA 基因的水平的变化,但是并不能完整地给出微生物群落变化规律。图 3.15 绘制了 *Dehalococcoides* 16S rRNA 基因拷贝数与 *Bacteria* 16S rRNA 基因拷贝数的百分比值随时间的变化。与未添加多氯联苯的对照组 H、G 相比,在添加了多氯联苯的哈德逊河和格拉斯河沉积物微环境组 H-1、H-2、G-1、G-2 中 *Dehalococcoides* 均呈现显著的选择性富集,进一步证实 *Dehalococcoides* 的生长和多氯联苯的脱氯相关。值得注意的是,*Dehalococcoides* 所占的比例在哈德逊河沉积物微环境中(H-1:1.6～28.5%;H-2:0.8～7.1%)要远远高于其在格拉斯河沉积物微环境中(G-1:0.1～1.0%;G-2:0.1～0.9%)。这个现象说明,添加了多氯联苯的格拉斯河沉积物中的细菌群落结构要更复杂,有可能存在多种微生物的脱氯共代谢作用,从而使得格拉斯河的多氯联苯脱氯作用强于哈德逊河。

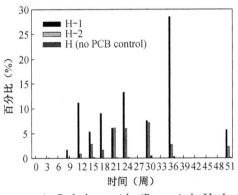
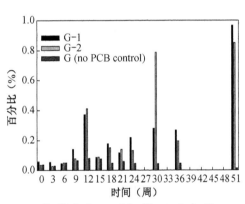

A. *Dehalcoccoides/Bacteria* in Hudson　　　　B. *Dehalococcoides/Bacteria* in Grasse

图 3.15　H-1、H-2、H、G-1、G-2、G 组中 *Dehalococcoides* 16S rRNA 占总 *Bacteria* 16S rRNA 基因的百分比值随时间的变化

　　另一方面,*o*-17/DF-1 并未在细菌群落中选择性富集。考虑到哈德逊河沉积物中 *o*-17/DF-1 16S rRNA 基因始终保持在低水平,我们有理由认为 *o*-17/DF-1 在哈德逊河沉积物中起到的脱氯作用微乎其微。而在格拉斯河中,*o*-17/DF-1 16S rRNA 基因的增长速度也没有超过总 *Bacteria* 的增长速度,所以尽管 *o*-17/DF-1 的脱氯作用存在,但其并非脱氯的优势菌群。

3.5 外加碳源的影响

由于哈德逊河和格拉斯河本底的有机碳含量有较大差别，本研究继续考察了外加碳源对多氯联苯脱氯的影响。实验分别在反应进行 27 周、30 周和 36 周后三次在部分沉积物微环境中添加了乙酸（7.5 mmol/kg）或脂肪酸（乙酸、丙酸、丁酸各 2.5 mmol/kg）继续反应，并在 30 周、36 周和 51 周时分别取样与未添加碳源的微环境进行比较。结果显示，外加碳源并没有显著地加快脱氯速率也没有改变脱氯的程度。此前的研究用过相似的碳源且反应也是在产甲烷条件下进行的，结果显示碳源的添加可以加快脱氯速率，且乙酸的效果比混合酸的效果好[35,67]。不同的是，此前的研究是在零时刻添加的碳源。这意味着在产甲烷条件下，碳源的补充可以提供充足的碳元素和能量构建适合于脱氯的微生物群落。然而，当多氯联苯脱氯反应已经进行了较长时间（本研究中选取的为 24 周）后，成熟的脱氯微生物群落结构已经形成，继续添加碳源的作用非常有限。同时我们也发现，无论沉积物本身是贫碳的（哈德逊河沉积物）还是富碳的（格拉斯河沉积物），添加碳源都不能使得脱氯效果得到进一步增强。也就是说，在产甲烷条件下，脱氯程度主要是由活性脱氯微生物决定的，一些脱氯菌种/株的缺乏并不能简单通过添加碳源/电子供体来克服。

由于外加碳源并没有起到促进脱氯的作用，其代谢产物需要进一步确认。如图 3.3 中所示，哈德逊河沉积物微环境中甲烷总量在 24 周后进入平台期几乎没有增加；与此同时从 24 周到 51 周的时间内格拉斯河沉积物微环境中仅有 6～7 mmol/kg 的甲烷生成。我们发现，添加碳源后顶空气体中的甲烷含量迅速上升，甲烷即为所加碳源的还原产物。图 3.16 为添加碳源后沉积物微环境中甲烷的产量。总体上看，外加碳源的影响与沉积物类型有关。而所添加多氯联苯混合物的不同没有影响甲烷的生成。脂肪酸对产甲烷的促进作用强于乙酸。尽管一些产甲烷菌也存在脱氯功能[35,96]，其活性相对于脱氯菌是非常低的[67]。因而，本研究中产甲烷菌虽然是优势菌但是并没有增强脱氯。

分析添加碳源后沉积物微环境的多氯联苯单体和脱氯路径发现，格拉斯河中的邻位脱氯得到了强化。在有外加碳源的格拉斯河沉积物微环境中，邻位脱氯产物在第 36 周即被观察到,而在无添加碳源的组中第 51 周才出现。这说明,起邻位脱氯作用的微生物是利用乙酸和/或丙酸、丁酸作为其优先电子供体和碳源。

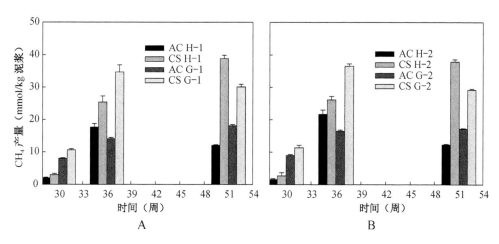

图 3.16　添加碳源后的甲烷产量

AC:乙酸;**CS**:脂肪酸;**A**:添加 **PCB *Mixture* 1** 的沉积物微环境中甲烷产量;**B**:添加 **PCB *Mixture* 2** 沉积物微环境中甲烷产量。数据点为微环境样品的平均值($n=3$);误差棒代表标准方差

3.6　本章小结

本章通过两组多氯联苯混合物分别在哈德逊河和格拉斯河沉积物中的脱氯研究,得出如下结论:

(1)两种多氯联苯混合物 PCB *Mixture* 1 和 PCB *Mixture* 2 在哈德逊河和格拉斯河沉积物中均发生了深度脱氯。脱氯的速率和所能达到的程度主要是由沉积物类型,也就是沉积物自身生物地球化学性质决定的。富碳的格拉斯河沉积物比贫碳的哈德逊河沉积物脱氯能力更强。

(2)多氯联苯的脱氯和脱氯菌 *Dehalococcoides* 的选择性富集相关。

(3)稀有的邻位脱氯作用在格拉斯河沉积物中是存在的。这也是首次在格拉斯河沉积物中发现邻位脱氯现象。该发现更好地支持了 USEPA 提出的监测式自然衰减法修复多氯联苯污染沉积物的策略。

(4)首次在实验室中验证了多氯联苯跟踪对是可以用来指示多氯联苯脱

氯的。并证实 CTDPGs 模型中提出的拓展脱氯路径在实验室微环境条件下是存在的。

（5）提出的基于氯原子位置和脱氯类型的新型分析方法，可以较为便捷地阐释脱氯的类型/路径特征。

第 4 章　硫酸根对哈德逊河和格拉斯河沉积物中多氯联苯脱氯的影响

沉积物中普遍存在 SO_4^{2-}。SO_4^{2-} 还原反应可以和多氯联苯脱氯还原反应竞争。因而，外加 SO_4^{2-} 可以显著抑制沉积物中多氯联苯脱氯[19, 31, 34, 63, 84, 85, 91]。然而，硫酸盐还原菌（SRB）的作用是较为复杂的。一方面，硫酸盐还原菌在与多氯联苯脱氯菌争夺碳源和电子供体过程中占优势，导致多氯联苯脱氯被部分甚至完全抑制。另一方面，外源性 SO_4^{2-} 刺激下产生的硫酸盐脱氯菌可以在 SO_4^{2-} 消耗殆尽后转而催化多氯联苯的快速降解[95, 131, 132]。此前大多数的研究都认为外源性 SO_4^{2-} 耗尽后多氯联苯脱氯才能启动。

在研究 SO_4^{2-} 对脱氯的抑制作用时研究者发现，外源性 SO_4^{2-} 的添加改变了脱氯的路径。除了 DF *Meta* 脱氯可以进行，但其他的间位脱氯基本被抑制；体系中以有侧位氯取代的对位脱氯为主[63, 84, 91, 132]。由于在硫酸盐还原条件下的脱氯路径数大大减少，从而导致多氯联苯脱氯程度降低。

在第 3 章中，我们研究了两组多氯联苯跟踪对混合物在哈德逊河和格拉斯河沉积物产甲烷状态下的脱氯现象。发现哈德逊河沉积物中的脱氯能力要弱于格拉斯河沉积物。沉积物地球化学性质分析显示，哈德逊河中 SO_4^{2-} 含量远高于格拉斯河。SO_4^{2-} 水平的天然差异很可能是导致多氯联苯脱氯能力不同的原因之一。因而我们的实验假设是在两种沉积物中人为添加 SO_4^{2-} 会对脱氯速率、程度和路径产生不同的影响。为了验证这个假设，本章中，通过向两种沉积物中添加 16 mmol/kg 的 Na₂SO₄ 考察硫酸盐还原条件下多氯联苯的脱氯规律，及其相关的微生物群落变化情况。为了与第 3 章中的 H-1、H-2、H、G-1、G-2、G 组对应，我们把哈德逊河沉积物微环境中，添加 PCB *Mixture* 1 和 Na₂SO₄ 的组以 H-1-S 表示；添加 PCB *Mixture* 2 和 Na₂SO₄ 的组以 H-2-S 表示。格拉斯河沉积物微环境中，添加 PCB *Mixture* 1 和 Na_2SO_4 的组以 G-1-S 表示；添加 PCB *Mixture* 2 和 Na_2SO_4 的组以 G-2-S 表示（本书后面章节同此表示方式）。

4.1 硫酸盐还原条件下的产甲烷情况

在加入了 SO_4^{2-} 的哈德逊河和格拉斯河沉积物微环境中，产甲烷作用被抑制，仅在前 3 周内有少量的甲烷生成，随后直到 51 周甲烷并无显著上升或者下降。在哈德逊河的沉积物微环境中甲烷水平约在 0.25 mmol/kg（占顶空气体的约 0.5%），格拉斯河 G-1-S 组甲烷水平约在 0.30 mmol/kg（占顶空气体的约 0.6%），G-2-S 组甲烷水平约在 0.9 mmol/kg（占顶空气体的约 1.6%）。这说明硫酸盐还原菌和产甲烷菌之间存在竞争关系。起始阶段，产甲烷和硫酸盐还原作用同时存在。少量的甲烷很可能来自甲胺或者其他充足底物的代谢[133-135]。接着，由于微环境中产生了有毒的代谢产物如负二价硫，或者缺乏必要的生长环境，如 H_2 或乙酸水平过高、硫酸盐还原占主导、甲烷前驱物缺乏（如乙酸、甲醇、甲胺等）等都会造成产甲烷菌被抑制[136-138]。

4.2 沉积物微环境中的负二价硫

负二价硫的水平随时间的变化如图 4.1 所示。在添加了 16 mmol/kg Na_2SO_4 的两种沉积物微环境里，负二价硫都随反应时间的增长而升高，说明硫酸盐还原在哈德逊河和格拉斯河沉积物中持续进行。值得注意的是，在贫碳的哈德逊河沉积物中硫酸盐还原速率比格拉斯河沉积物中要快。这可能是由于哈德逊河本底 SO_4^{2-} 水平较高，在其他选择压下存在强大的硫酸盐还原菌群。51 周后，四组添加了 SO_4^{2-} 的沉积物微环境中负二价硫的含量在 0.7～3.2 mmol/kg。从硫元素质量守恒角度考虑，SO_4^{2-} 没有被完全还原。此外,分别比较两种沉积物发现添加了 SO_4^{2-} 和 PCB *Mixture* 2 的组(H-2-S、G-2-S)比添加了 SO_4^{2-} 和 PCB *Mixture* 1 的组(H-1-S、G-1-S)硫酸盐还原更快,这意味着多氯联苯的组成会影响硫酸盐还原菌活性。总而言之,沉积物类型是影响硫酸盐还原速率的主要因素,但多氯联苯组成的影响也不能忽视。

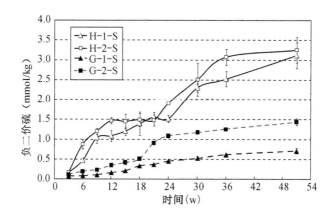

图 4.1　负二价硫随时间的变化

4.3　添加 SO_4^{2-} 沉积物微环境中的多氯联苯

4.3.1　多氯联苯总量

虽然添加作为竞争电子受体的 SO_4^{2-} 不利于脱氯,但在所有的反应组中多氯联苯脱氯均有发生。图 4.2 是添加和无添加 SO_4^{2-} 的微环境反应组中多氯联苯总量随时间的变化。由图可见,添加了 SO_4^{2-} 的微环境中多氯联苯脱氯反应的滞后期增长到 15～18 周,且脱氯速率比未添加 SO_4^{2-} 的微环境显著减慢。比较两种沉积物发现,添加了 SO_4^{2-} 的哈德逊河沉积物微环境(H-1-S、H-2-S)比其相应的格拉斯河沉积物微环境(G-1-S、G-2-S)脱氯要快一些。这个结果和未添加 SO_4^{2-} 的沉积物微环境正好相反,未添加 SO_4^{2-} 的沉积物微环境中格拉斯河的脱氯速率比哈德逊河要快。这种现象可能还是由于哈德逊河沉积物本底 SO_4^{2-} 水平较高,发育形成了较好的硫酸盐还原菌群落。此前有研究发现部分硫酸盐还原菌能够利用多氯联苯作为终端电子受体获取能量[95,131,132]。也有一些硫酸盐还原菌，如 *Desulfovibrio* spp. 是脱氯菌的共生菌[70]。图 4.2 中也显示，到反应 36 周后，添加了 SO_4^{2-} 的格拉斯河沉积物微环境 G-1-S 和 G-2-S 中多氯联苯的降解速率迅速提高，使得 51 周时哈德逊河和格拉斯河添加了 SO_4^{2-} 的沉积物微环境中的剩余多氯联苯总量基本相同，均在初始量的 90% 左右。该现象可以从三方面解释。第一，随反应时间增长，脱氯菌缓慢增加到一定的浓度启动催化脱氯反应；第二，在贫碳的哈德逊沉积物中，随着硫酸盐还原和脱氯的进行，可利用的碳源逐渐减少，脱氯反应减缓；第三，随着硫酸盐还原产生的有毒负二价硫在哈德逊河沉积物中积累，从而减缓了脱氯反应速率，而在格拉斯河中，由于重金属水平高，生成的游离负二价硫被重金属离子沉淀，从而起到解毒的作用，多氯联苯脱氯菌得以保持活性。

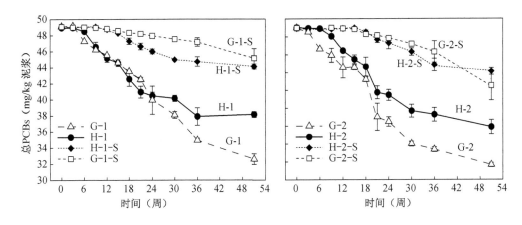

图 4.2　添加和无添加 SO_4^{2-} 的沉积物微环境中多氯联苯总量随时间的变化

通过对负二价硫和多氯联苯的分析发现，脱氯并非在 SO_4^{2-} 完全消耗后才启动。即使是反应 51 周后，也只有不到 25% 所添加的 SO_4^{2-} 被还原成负二价硫。Zwiernik 等[95] 曾发现多氯联苯的脱氯在可溶性 SO_4^{2-} 完全消耗之后才可能进行。而本研究中可溶性 SO_4^{2-} 始终存在。并且，此前的研究证实了如可溶性性 SO_4^{2-} 完全消耗则甲烷生成反应会立即重启[95,132]。本研究中 51 周内产甲烷作用并未恢复，也说明多氯联苯脱氯在硫酸盐全部还原之前开始进行的。

多氯联苯组成对添加了 SO_4^{2-} 的沉积物微环境中脱氯速率和程度的影响与沉积物类型有关。在哈德逊河沉积物中，PCB *Mixture* 1 和 PCB *Mixture* 2 反应 51 周后达到的脱氯程度基本一致，脱氯速率的变化也差异不大（图 4.2）。

而在格拉斯河沉积物中,PCB *Mixture* 2 比 PCB *Mixture* 1 脱氯更快,从而导致 51 周后 G-2-S 的脱氯程度较 G-1-S 高(图 4.2)。

4.3.2 CPB

添加了 SO_4^{2-} 的哈德逊河和格拉斯河沉积物微环境多氯联苯脱氯缓慢。51 周后,仅有 8%～17%的氯原子被氢原子取代,是无添加 SO_4^{2-} 反应组的三分之一到四分之一。图 4.3 是 OCPB、MCPB 和 PCPB 随时间的变化。如图所示,邻位脱氯在 H-1-S、G-1-S、H-2-S、G-2-S 组中均无出现。哈德逊河沉积物微环境和格拉斯河沉积物微环境的脱氯偏好不同。哈德逊河的对位脱氯>间位脱氯,而格拉斯河间位脱氯>对位脱氯。

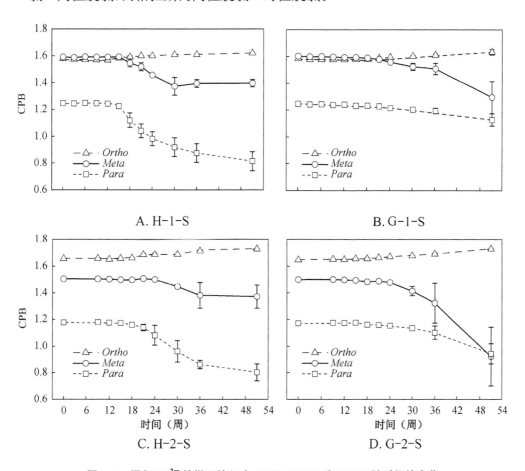

图 4.3 添加 SO_4^{2-} 的微环境组中 OCPB、MCPB 和 PCPB 随时间的变化

在第 3 章中,我们提出了用目标氯原子及其相邻氯原子的变化来描述脱

氯类型。本章中，我们继续用该方法来研究添加 SO_4^{2-} 条件下脱氯的偏好。结果归纳于表4.1。其中，无论是哈德逊河沉积物还是格拉斯河沉积物，PF/DF *Meta* 和 SF/DF *Para* 氯原子是较容易被脱去的。OF *Meta* 脱氯仅在格拉斯河中出现。一些目标氯原子环境情况类似，但脱氯的偏好仍有差别。比如 SF/DF *Para* 脱氯在哈德逊河沉积物微环境中占主导。而在格拉斯河沉积物微环境中，PF/DF *Meta* 脱氯在30周前占优，30周后 OF *Meta* 脱氯优势明显。

表 4.1　添加 SO_4^{2-} 条件下脱氯的偏好

| 沉积物 | 目标氯原子 | 无侧位氯取代（UF） | 单侧氯取代（SF） | | | 双侧氯取代（DF） |
			邻位氯取代（OF）	间位氯取代（MF）	对位氯取代（PF）	
哈德逊	邻位 *Ortho*	*	*			
	间位 *Meta*	*	*		* #	* #
	对位 *Para*	*		* #		* #
格拉斯	邻位 *Ortho*	*		*		
	间位 *Meta*	*	* #		* #	* #
	对位 *Para*	*		* #		* #

*：理论存在的脱氯位；#：以目标氯原子及其相邻氯原子的变化推导的实际脱氯位

4.3.3　多氯联苯跟踪对

在第3章中，我们发现在产甲烷条件下，多氯联苯的跟踪对比值随着脱氯的进行存在明显的变化。而在本章的硫酸盐还原条件下，跟踪对的变化相对有限（表4.2）。在添加 SO_4^{2-} 的哈德逊河沉积物微环境中，10个多氯联苯跟踪对中的6个无显著变化（p<0.05）；3个随反应时间增长而增大，1个先减小后增大。而在添加 SO_4^{2-} 的格拉斯河沉积物微环境中，有4个没有明显变化，5个随反应时间的增长而减小，仅有1个增大。在两种沉积物中，多氯联苯跟踪对的变化规律各不相同，说明多氯联苯跟踪对在添加 SO_4^{2-} 的两种沉积物中的脱氯速率和脱氯路径不同。然而，多氯联苯化学分析结果显示，所有添加的母体多氯联苯都有所减少，但减少的速率不同。因此，我们认为，仅从单一的多氯联苯跟踪对是否变化来判断脱氯并非一定成功的，但是多个跟踪对中任意一个发生变化即可判定脱氯。本章中，跟踪对 PCB 5/12 比值的变化足以证明在添加了 SO_4^{2-} 的哈德逊河和格拉斯河沉积物微环境中发生

了脱氯反应。

表 4.2　硫酸盐还原条件下多氯联苯跟踪对的变化

跟踪对	沉积物	比值变化趋势	相对变化速率快慢
PCB 5/12	哈德逊	增大	哈德逊＞格拉斯 *
	格拉斯	增大	
PCB 64/71	哈德逊	无显著变化	—
	格拉斯	减小	
PCB 105/114	哈德逊	先减小后增加达到一个平台期,达到平台期比值比初始比值略小	都在下降阶段时哈德逊＞格拉斯
	格拉斯	减小	
PCB 149/153	哈德逊	增大	—
	格拉斯	无显著变化	
PCB 149/170	哈德逊	增大	—
	格拉斯	无显著变化	
PCB 153/170	哈德逊	无显著变化	—
	格拉斯	无显著变化	
PCB 82/97	哈德逊	无显著变化	—
	格拉斯	减小	
PCB 82/99	哈德逊	无显著变化	—
	格拉斯	减小	
PCB 97/99	哈德逊	无显著变化	—
	格拉斯	无显著变化	
PCB 144/170	哈德逊	无显著变化	—
	格拉斯	减小	

* 36 周后比值的变化速率 G-2-S 超过 H-2-S。

4.3.4　多氯联苯的代谢路径

为了验证 CTDPGs 脱氯路径的存在,我们通过多氯联苯化学分析数据鉴别出沉积物微环境中实际存在的脱氯产物,并将其和对应的母体关联,从而来确定相应的脱氯路径。H-1-S、G-1-S、H-2-S 和 G-2-S 组中的主要脱氯路径分别如图 4.4、4.5、4.6 和 4.7 所示。这些路径偏好和表 4.1 中根据目标氯原子及其相邻氯原子的变化来描述脱氯类型所获得的结果一致。而且,脱氯位置偏好和主要代谢产物所涉及的脱氯路径有关。在添加 SO_4^{2-} 的条件下,哈德逊河沉积物微环境以对位脱氯为主,而在格拉斯河沉积物微环境中对位

和间位脱氯活性均存在。我们在研究中还发现，添加 SO_4^{2-} 的哈德逊河沉积

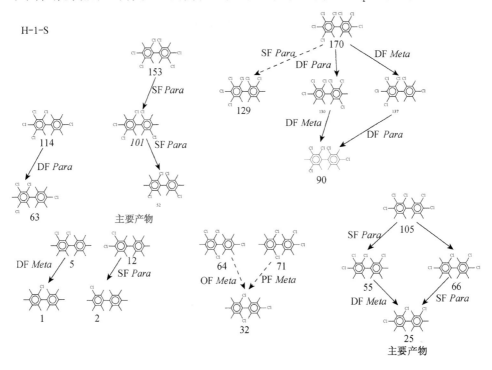

图 4.4　H-1-S 组中的主要代谢路径

虚线表示该路径在 3 个平行样的 1 到 2 个中出现

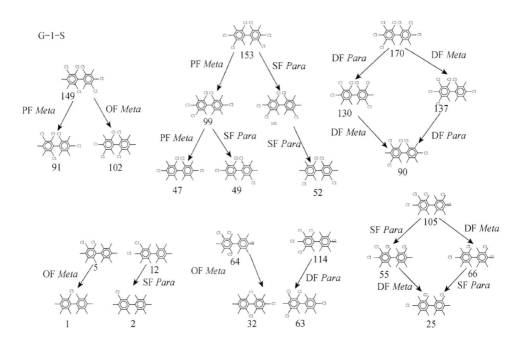

图 4.5　G-1-S 组中的主要代谢路径

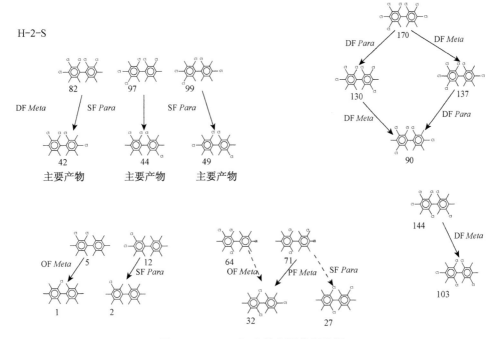

图 4.6　H-2-S 组中的主要代谢路径

虚线表示该路径在 3 个平行样的 1 到 2 个中出现

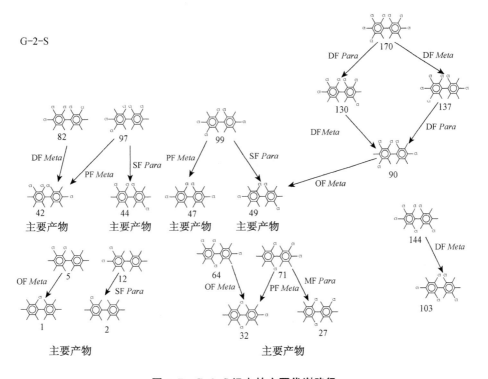

图 4.7　G-2-S 组中的主要代谢路径

物微环境中缺乏对一个苯环上同时有两个邻位氯原子的多氯联苯分子的脱氯能力。PCB 64 (236-4-CB)、PCB 71(26-34-CB)和 PCB 149(236-245-CB)的脱氯很难观察到。而 PCB 144(2345-25-CB)虽然也在一个苯环上同时有两个邻位氯原子却可以通过 DF *Meta* 脱氯生成 PCB 103(246-25-CB)。这可能是由于两个邻位氯原子同时存在在一个苯环上会产生位阻限制还原脱氯反应,但如果还有间位和对位氯原子同时存在,这种结构上的阻碍会减弱,从而使得脱氯反应可以进行。

4.4 微生物群落定量分析

为了考察硫酸盐还原条件下多氯联苯脱氯过程中沉积物微环境中微生物群落的变化。用 qPCR 方法定量了脱氯菌 *Dehalococcoides*、o-17/DF-1、两组硫酸盐还原菌 *Desulfovibrionales* 和 *Desulfuromonales*,以及总 *Bacteria* 的 16S rRNA 基因。图 4.8 为 *Dehalococcoides* 16S rRNA 基因随反应时间的变化。在哈德逊河的 H-1-S 组中,从 12 周到 15 周,*Dehalococcoides* 16S rRNA 基因的水平迅速由 $3.5 \times 10^4 \pm 1.2 \times 10^3$ 上升到 $4.9 \times 10^5 \pm 2.8 \times 10^3$ copies/ml(拷贝数每毫升泥浆)(第 9 周测得的高 *Dehalococcoides* 16S rRNA 基因水平被认为是异常点排除);在 H-2-S 组中,从第 9 周到第 12 周,*Dehalococcoides* 16S rRNA 基因的水平迅速由 $1.6 \times 10^4 \pm 1.8 \times 10^3$ 升高一个数量级到 $1.6 \times 10^5 \pm 1.0 \times 10^4$ copies/ml。这两个 *Dehalococcoides* 16S rRNA 基因水平发生突跃的时间点均和多氯联苯脱氯产物被观察到的时间一致,说明脱氯反应和 *Dehalococcoides* 的生长直接相关。随后,*Dehalococcoides* 16S rRNA 基因在 H-1-S 组和 H-2-S 组中都保持上升的趋势,分别达到 $3.0 \times 10^7 \pm 3.1 \times 10^4$ copies/ml 和 $2.7 \times 10^7 \pm 2.1 \times 10^4$ copies/ml。*Dehalococcoides* 的增加意味着脱氯也在持续进行。在格拉斯河的两组添加 SO_4^{2-} 的反应组(G-1-S 和 G-2-S)中,脱氯反应启动之前 *Dehalococcoides* 16S rRNA 基因水平就达到了 1.0×10^6 copies/ml,这比 H-1-S 和 H-2-S 同期高出了 1-2 个数量级。当 12 到 15 周脱氯反应开始时,G-1-S 和 G-2-S 组中的 *Dehalococcoides* 16S rRNA 基因仅有少量的上升。G-1-S 和 G-2-S 中 *Dehalococcoides* 在整个反应过程

中所达到的最高基因水平分别是 $3.0 \times 10^7 \pm 8.6 \times 10^5$ copies/ml 和 $5.0 \times 10^7 \pm 5.5 \times 10^5$ copies/ml。多氯联苯单体的化学分析结果显示在添加了 SO_4^{2-} 情况下，哈德逊河沉积物微环境比格拉斯河沉积物微环境的脱氯能力要相对强一些。因此，我们猜测格拉斯河沉积物微环境中的高 *Dehalococcoides* 16S rRNA 基因水平可能是由于 *Dehalococcoides* spp. 除了多氯联苯还有其他电子受体被利用从而获得生长的能量。

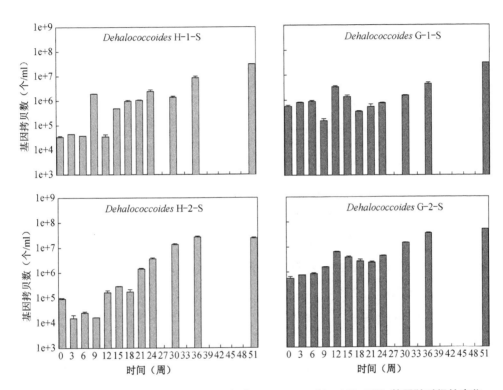

图 4.8　H-1-S、G-1-S、H-2-S、G-2-S 组中 *Dehalococcoides* 16S rRNA 基因随时间的变化

　　通过分析 *Dehalococcoides* 16S rRNA 基因数目和 *Bacteria* 16S rRNA 基因数目的比值随反应时间的变化，我们发现 *Dehalococcoides* 在哈德逊河和格拉斯河沉积物微环境中均出现了选择性富集现象（图 4.9）。从整体上看，*Dehalococcoides* 在哈德逊河沉积物微环境中的富集程度更高。H-1-S 组中 *Dehalococcoides* 的相对百分比从脱氯开始前的 0.5% 提高到最高 17.3%，在 H-2-S 组中从脱氯启动前的 0.1% 提高到 11.3%。而在格拉斯河沉积物微环境 G-1-S 和 G-2-S 组中，该比值的提升仅分别从 0.1% 到 0.6% 和 0.1 到 1.7%。这个结果说明，*Dehalococcoides* 在添加了 SO_4^{2-} 的哈德逊河沉积物微环境中依旧占有优势。与此同时，我们观察到，*Dehalococcoides*/*Bacteria* 比值开始快速升高的时间与脱氯启动的时间一致。因此,该比值有可能成为脱氯启动的指标。然而,我们对比了硫酸根还原条件下和第3章中产甲烷条件下 *Dehalococcoides* 16S rRNA 基因水平,并没有发现脱氯菌浓度和脱氯速率、脱氯程度之间的相关性。

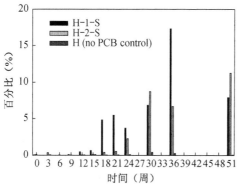
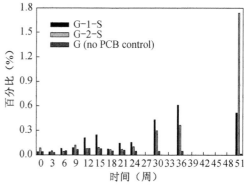

A. *Dehalcoccoides/Bacteria* in Hudson   B. *Dehalcoccoides/Bacteria* in Grasse

图4.9 H-1-S、H-2-S、H,G-1-S、G-2-S、G 组中 *Dehalococcoides* 16S rRNA 占总 *Bacteria* 16S rRNA 基因的百分比值随时间的变化

o-17/DF-1 16S rRNA 基因由于含量极低且无规律可循,我们认为其在硫酸盐还原条件下的活性可以忽略,在此不做赘述。

我们用同样的方法研究了两类硫酸盐还原菌 *Desulfovibrionales* 和 *Desulfuromonales* 的 16S rRNA 基因发现:*Desulfuromonales* 16S rRNA 基因占总 *Bacteria* 16S rRNA 基因的 5.2% 到 18.4%,但添加 SO_4^{2-} 后富集现象并不明显。而 *Desulfovibrionales* 则发生了明显的富集(图 4.10),这意味着 *Des-*

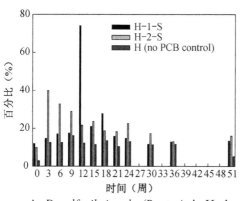
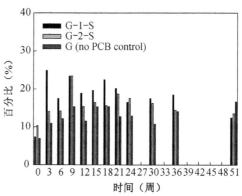

A. *Desulfovibrionales/Bacteria* in Hudson   B. *Desulfovibrionales/Bacteria* in Grasse

图4.10 H-1-S、H-2-S、H、G-1-S、G-2-S、G 组中 *Desulfovibrionales* 16S rRNA 占总 *Bacteria* 16S rRNA 基因的百分比值随时间的变化

$ulfovibrionales$ 在添加了 SO_4^{2-} 的沉积物微环境中可能起到较为重要的还原作用。

4.5　外加碳源对多氯联苯脱氯的刺激作用

在第 3 章中,我们曾研究了外加碳源对产甲烷条件下多氯联苯脱氯的影响,发现乙酸或混合脂肪酸(乙酸/丙酸/丁酸＝1:1:1)的添加均不能加快脱氯反应的速率,提高脱氯程度。而添加有机碳源可以同时充当电子供体和碳源,使得产甲烷作用大幅度提升,且稀有的邻位脱氯被选择性强化。

在硫酸盐还原条件下,理论上需要更多的有机碳来和硫酸盐还原的半反应配合,且硫酸盐还原将会伴随氢离子的消耗,从而造成微环境体系 pH 值的上升。以 SO_4^{2-} 为电子受体,CH_3COO^- 为电子供体的反应方程式如下:

$$\frac{1}{8}SO_4^{2-} + \frac{3}{16}H^+ + \frac{1}{8}CH_3COO^- = \frac{1}{16}H_2S + \frac{1}{16}HS^-$$
$$+ \frac{1}{8}CO_2 + \frac{1}{8}HCO_3^- + \frac{1}{8}H_2O \tag{4.1}$$

和第 3 章中外加碳源的设计类似,我们分别在反应进行 27 周、30 周和 36 周后三次在部分沉积物微环境中添加了乙酸(7.5 mM)或混合脂肪酸(乙酸、丙酸、丁酸各 2.5 mM)继续反应,并在 30 周、36 周和 51 周时分别取样与未添加碳源的微环境进行对比。

51 周反应结束后,添加了 SO_4^{2-} 的哈德逊河沉积物微环境组中 pH 值从初始的 7.0 升高到 7.7;而在添加了 SO_4^{2-} 的格拉斯河沉积物微环境组中 pH 值从 7.0 升高到 7.5。但在添加了碳源仅 3 周后,哈德逊河沉积物微环境的 pH 值分别升高到 8.7(H-1-S)和 9.0(H-2-S)。这主要是由于哈德逊河沉积物的 TOC 和 TIC 均较低,导致沉积物体系的缓冲能力较差。与之相对,在富碳的格拉斯河沉积物微环境中,添加碳源后 pH 值仅上升至 7.7－7.9。Chuang 等[82] 的研究认为,多氯联苯的脱氯速率和 pH 值相关,最佳脱氯 pH 值范围在 7.0 到 7.5 之间。因此,在再次添加碳源时,pH 值被调整回 7.0 到 7.4 之间。

　　本章4.1节中已讨论过,在添加了SO_4^{2-}的哈德逊河和格拉斯河沉积物微环境中,产甲烷作用被几乎完全抑制。而在添加了碳源后,产甲烷作用迅速恢复。每两次添加碳源之间以及最后一次添加直至反应结束时(第51周)的甲烷生成量如表4.3所示。格拉斯河沉积物微环境在第二次补充碳源后即进入产甲烷状态,而哈德逊河沉积物直到第三次补充碳源后才进入产甲烷状态。脂肪酸混合物比单一的乙酸更易于甲烷的生成。

表4.3　添加了SO_4^{2-}的沉积物微环境在补充碳源后的甲烷产量(mmol/kg)

沉积物	反应时间（周）	PCB *Mixture* 1		PCB *Mixture* 2	
		乙酸	脂肪酸	乙酸	脂肪酸
哈德逊河	30	0.01±0.01	0.03±0.00	0.01±0.01	0.01±0.00
	36	0.43±0.36	0.24±0.13	0.31±0.30	0.18±0.08
	51	23.65±2.84	53.03±7.18	12.90±11.16	38.03±1.55
格拉斯河	30	0.34±0.02	0.65±0.02	0.39±0.04	0.82±0.02
	36	5.58±0.51	20.43±1.18	10.69±0.12	23.38±1.60
	51	33.43±0.48	55.52±1.86	24.66±0.32	47.83±2.46

　　本质上,补充碳源是为了提供充足的电子供体从而加快硫酸盐还原。图4.11是补充和未补充碳源条件下反应结束时负二价硫的浓度。如图所示,补充碳源可以大幅度加快哈德逊河沉积物微环境组 H-1-S 和 H-2-S 中硫酸盐的还原,而在格拉斯河沉积物微环境组 G-1-S 和 G-2-S 中硫酸盐还原增加较为有限。实验中添加的 SO_4^{2-} 有 16 mmol/kg,而检测出的负二价硫仅有约 2 mmol/kg。另一方面,在补充乙酸碳源的组 H-1-S 和 H-2-S 中,负二价硫浓

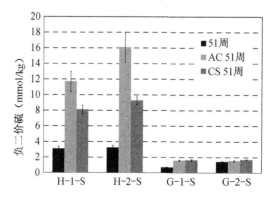

图 4.11　补充和未补充碳源条件下第 51 周时负二价硫的浓度

AC:乙酸;CS:脂肪酸

度分别高达为 11.7 ± 1.3 mmol/kg 和 16.1 ± 1.9 mmol/kg。补充脂肪酸混合物同样可以促进硫酸盐的还原,但促进程度不如乙酸。这说明,乙酸是硫酸盐还原菌的优选电子供体。结合甲烷产量数据,脂肪酸混合物可能更有利于产甲烷菌的生长。

在两条河尤其是格拉斯河沉积物中,较高的产甲烷能力和相对较低的硫酸盐还原能力和其他研究的结论有所不同。此前大部分的研究认为 SO_4^{2-} 必须完全消耗后产甲烷反应才启动[95,132,135]。而在哈德逊河沉积物微环境中补充乙酸和脂肪酸后所检测到的不同水平的负二价硫说明在硫酸盐并未完全还原时产甲烷菌活性就已经恢复。此前也有研究发现,在富碳的沉积物中添加 5 到 60 mM 的 SO_4^{2-} 后,产甲烷和硫酸盐还原可以共存[133]。本研究补充碳源后所观察到的高浓度的甲烷和较低浓度的负二价硫也证明产甲烷和硫酸盐还原可以在碳源充足的条件下同时进行。

理想状态下,补充碳源不仅可以为硫酸盐还原菌和产甲烷菌提供充足的电子供体,也会给多氯联苯脱氯菌提供电子供体。但在第 3 章的研究中发现补充碳源并不能加快产甲烷条件下的多氯联苯脱氯。本章中在硫酸盐还原条件下,随着碳源的添加,多氯联苯的脱氯迅速提升。表 4.4 是添加和未添加碳源情况下沉积物微环境中多氯联苯的总量。从表中可以看出,无论补充的是乙酸还是混合脂肪酸都可以大大促进格拉斯河沉积物中多氯联苯脱氯反应的快速进行,而在哈德逊河沉积物中,这种激励作用较小。分析具体的脱氯路径发现,在补充了碳源的 G-1-S 和 G-2-S 组中,主要的脱氯路径和脱氯产物分别与 G-1 组和 G-2 组类似。但在 G-1 和 G-2 组中的无侧位氯取代的对位脱氯(UF *Para*)能力在补充了碳源的 G-1-S 和 G-2-S 组中并未得到恢复。邻位氯取代的间位脱氯(OF *Meta*)在 G-1-S 和 G-2-S 组中受到抑制,但在补充碳源后立即得以恢复。此外,补充碳源也促进了添加 SO_4^{2-} 的格拉斯河沉积物微环境中的邻位脱氯。第一次添加碳源后(第 30 周取样),脂肪酸对脱氯的促进作用要强于乙酸。考虑到在同一段时间内,产甲烷和硫酸盐还原的增加都较为有限(表 4.3),电子流很可能是从补充的有机碳流向多氯联苯。而第二次添加碳源后,补充乙酸的格拉斯河沉积物微环境的积累脱氯效果和补充脂肪酸的并无明显差异。这些现象说明:(1)补充碳源可以有效增强添加了 SO_4^{2-} 的格拉斯河沉积物微环境中的多氯联苯脱氯;(2)首次补充的脂肪酸碳源(乙酸、丙酸、丁酸各 2.5 mmol/kg)足以刺激多氯联苯的快速脱氯。考虑到原位修复的成本问题,补充碳源的最优量估算非常重要。另一方面,补充碳源对添加了 SO_4^{2-} 的哈德逊河沉积物微环境中多氯联苯脱氯的促进较为有限,这很可能是由于缺乏某些脱氯菌。此前有研究发现通过向某些沉积物中投加活性脱氯菌可以有效促进脱氯[40,100]。因而,哈德逊河沉积物中也可以考虑通过投菌法(Bioagumentation)来达到强化脱氯的目的。

表 4.4 添加了 SO_4^{2-} 的沉积物微环境在补充碳源后的多氯联苯总量(mg/kg)

沉积物	反应时间（周）	PCB *Mixture* 1			PCB *Mixture* 2		
		无碳源	乙酸	脂肪酸	无碳源	乙酸	脂肪酸
哈德逊河	30	45.0±0.1	44.7±0.1	44.7±0.5	46.3±0.4	44.7±0.5	45.9±0.4
	36	44.7±0.6	43.1±1.1	44.0±0.6	44.9±0.7	44.0±0.5	45.2±0.5
	51	44.1±0.3	42.3±1.2	42.5±1.7	44.1±0.4	43.0±0.7	43.1±0.4
格拉斯河	30	47.5±0.2	44.0±1.2	42.0±0.2	47.2±0.2	43.8±0.3	42.7±0.2
	36	47.2±0.5	38.0±0.1	37.9±0.1	46.3±1.2	38.5±0.0	38.3±0.1
	51	45.1±1.2	36.6±0.2	36.3±0.1	42.5±1.6	36.8±0.2	36.4±0.1

4.6 本章小结

本章研究了硫酸盐还原条件下两组多氯联苯混合物分别在哈德逊河和格拉斯河沉积物微环境中的脱氯现象及微生物群落,主要结论如下:

（1）SO_4^{2-} 的添加显著抑制了脱氯。

（2）SO_4^{2-} 的添加延长了脱氯滞后期,且多氯联苯脱氯反应启动时硫酸盐还原反应并未结束。

（3）本底 SO_4^{2-} 含量较高的哈德逊河沉积物微环境中的多氯联苯脱氯速率比格拉斯河沉积物微环境要快。

（4）脱氯菌 *Dehalococcoides* 和硫酸盐还原菌 *Desulfovibrionales* 均被选择性富集。

（5）通过补充碳源可以有效加快格拉斯河沉积物微环境中的脱氯进程,尤其是邻位脱氯。

（6）充足的碳源是多氯联苯脱氯反应启动的重要因素。而碳源补充的效果呈现沉积物特异性。因而,监测式自然衰减可能并不适用于所有的沉积物类型,需要适时投加微生物或相应的营养物质/碳源等实现脱氯的强化。

第5章 三价铁对哈德逊河和格拉斯河沉积物中多氯联苯脱氯的影响

三价铁（Fe(III)）被认为是多氯联苯的竞争电子受体。20年前，Morris等[85]曾研究了50 mM羟基氧化铁（FeOOH）对哈德逊河沉积物多氯联苯脱氯的影响，发现FeOOH可以抑制多氯联苯脱氯，但抑制作用较10 mM SO_4^{2-}弱。本研究中选取的哈德逊河沉积物和格拉斯河沉积物重金属水平差异较大。格拉斯河沉积物中各金属比哈德逊河沉积物高出2到12倍（表3.3）。一方面，一些金属如钴（Co）和锌（Zn）是微生物生长的必须元素。另一方面，高的重金属，比如Fe可以促进三价铁还原菌的生长，这些细菌和多氯联苯脱氯菌之间可能存在一定的竞争关系。此前也有研究认为三价铁还原生成的二价铁可以与沉积物体系中有毒的负二价硫反应生成硫化亚铁（FeS）沉淀，从而有利于脱氯微生物的生长[95]。另外一些研究发现铁还原菌也可以利用有机氯化合物作为其终端电子受体从而参与到脱氯过程中。*Desulfuromonas chloroethenica*，*Desulfuromonas michiganensis* 和 *Geobacter lovleyi* 等细菌可以在还原三价铁的同时还原四氯乙烯（PCE）和三氯乙烯（TCE）[139-142]。然而，上述几种铁还原菌均无法作用于多氯联苯脱氯。近些年也有发现在添加了Fe(III)后TCE可以实现完全脱氯，且脱氯菌和铁还原菌被同步富集[92]。这说明在脱氯过程和铁还原过程中微生物的相互作用关系是比较复杂的。

为了更好地了解Fe(III)对不同沉积物中多氯联苯脱氯的影响，本章中，通过向两种沉积物中添加40 mmol/kg的FeOOH（pH=7.0）考察三价铁还原条件下多氯联苯的脱氯规律及相关的微生物群落变化情况。哈德逊河沉积物微环境中添加PCB *Mixture* 1 和FeOOH的组表示为H-1-Fe；添加PCB *Mixture* 2 和FeOOH的组表示为H-2-Fe；格拉斯河沉积物微环境中添加PCB *Mixture* 1 和FeOOH的组表示为G-1-Fe；添加PCB *Mixture* 2 和FeOOH的组表示为G-2-Fe。

5.1 铁还原条件下的产甲烷情况

在长达51周的反应期中，添加了FeOOH的哈德逊河沉积物微环境顶空气体中几乎没有甲烷检出（<0.1%），表明产甲烷作用被完全抑制。与此同时，在添加了FeOOH的格拉斯河沉积物微环境中甲烷产量比未添加FeOOH的微环境则有明显的下降（图5.1）。反应51周后，G-1-Fe组和G-2-Fe组的甲烷总量分别达到8.51±0.25 mmol/kg和10.19±0.25 mmol/kg，比未添加FeOOH的G-1组和G-2组减少了30%～40%。这说明Fe(III)在一定程度上减弱了格拉斯河沉积物微环境中的产甲烷作用。此前大量研究也发现沉积物中Fe(III)的存在会对甲烷生成起到抑制作用[143-147]。一般认为，这种抑制是由于产甲烷菌和铁还原菌对碳源/能量源如乙酸和H_2等的竞争引起的[136,137,146,148]。研究者还发现*Methanosarcina barkeri*和*Methanococcus voltaei*两种产甲烷菌同时具备还原Fe(III)的能力，当体系中存在Fe(III)的时候，这些产甲烷菌转而利用Fe(III)作为终端电子受体进行呼吸作用，从而表现为产甲烷作用受到抑制[143,147]。而一般认为，产甲烷作用被抑制的程度

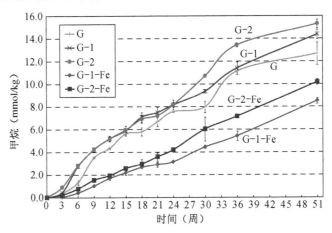

图5.1 添加FeOOH的沉积物微环境中甲烷产量随时间的变化

G：格拉斯河无多氯联苯对照；G-1：格拉斯河添加PCB *Mixture* 1；G-2：格拉斯河添加PCB *Mixture* 2；G-1-Fe：格拉斯河添加PCB *Mixture* 1和FeOOH；G-2-Fe：格拉斯河添加PCB *Mixture* 2和FeOOH；数据点为微环境样品的平均值（$n=3$）；误差棒代表标准方差。

主要由沉积物体系中铁还原菌的活性和可利用的电子供体量决定[149,150]。这可以解释贫碳且本底 Fe 含量较低的哈德逊河沉积物，在添加 FeOOH 后产甲烷作用几乎被完全抑制。而在富碳且本底 Fe 含量较高的格拉斯河沉积物中添加 FeOOH 仅会一定程度上减弱产甲烷作用。

5.2　微环境中三价铁的还原

Fe(III) 的还原可以通过追踪沉积物微环境中 Fe(II) 浓度的变化来验证。由于沉积物本底就有一定量的 Fe 存在，所以需要同时检测有 FeOOH 添加和无 FeOOH 添加的各沉积物微环境组中 Fe(II) 浓度，从而能够更直观地描述 Fe(III) 到 Fe(II) 的还原过程。图 5.2 绘制了 G-1、G-1-S、G-1-Fe、H-1、H-1-S、H-1-Fe 组中 Fe(II) 总浓度随时间的变化，图 5.3 绘制了 G-2、G-2-S、G-2-Fe、H-2、H-2-S、H-2-Fe 组中 Fe(II) 总浓度随时间的变化。如图所示，在格拉斯河沉积物微环境中大约经过 15～18 周的反应，添加（G-1-Fe、G-2-Fe）和未添加 FeOOH 的组（G-1、G-1-S、G-2、G-2-S）之间 Fe(II) 浓度的差值保持在约 40 mmol/kg，也就是添加的 FeOOH 量。说明经过 15～18 周还原反应，所添加的 Fe(III) 已被完全还原为 Fe(II)。而在本底 Fe 元素含量低的哈德逊河沉积物微环境中，Fe(III) 的还原速率明显减慢，直到 51 周结束，所添

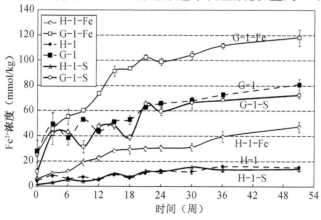

图 5.2　G-1、G-1-S、G-1-Fe、H-1、H-1-S、H-1-Fe 组中 Fe²⁺
总浓度随时间的变化

加的 Fe(III)仍未被完全还原,说明缺乏活性铁还原菌。与此同时,G-1 和 G-1-S 组,G-2 和 G-2-S 组,H-1 和 H-1-S 组以及 H-2 和 H-2-S 组中 Fe(II)的最终水平都分别保持一致,说明 SO_4^{2-} 的添加在这两种沉积物中都没有改变铁还原所能达到的最终程度。然而,如果仅对比时间零点时(即微环境配置完成后震荡混匀 24 小时后取样)Fe(II)的浓度,则会发现 G-1-S 和 G-2-S 中的浓度比 G-1-Fe、G-1 和 G-2-Fe、G-2 中的浓度要低 10~15 mmol/kg,说明 SO_4^{2-} 在初期可以抑制 Fe(III)的还原。该现象是由于铁还原菌和硫酸盐还原菌对电子供体如乙酸和 H_2 产生的竞争作用导致的[137,151]。

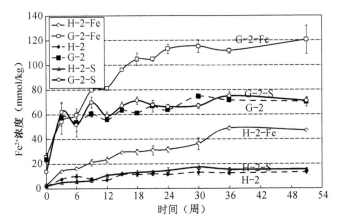

图 5.3 G-2、G-2-S、G-2-Fe、H-2、H-2-S、H-2-Fe 组中 Fe²⁺浓度随时间的变化

5.3 沉积物微环境中的多氯联苯

5.3.1 多氯联苯总量

图 5.4 为添加 FeOOH 和未添加 FeOOH 时各沉积物微环境组中多氯联苯总量随时间的变化。在本底 Fe 元素含量低的哈德逊河沉积物中,FeOOH 的添加完全抑制了多氯联苯的脱氯,在 51 周的反应期内,没有检测到脱氯产物。顶空气体分析结果也证实在 H-1-Fe 组和 H-2-Fe 组中二氧化碳和甲烷的含量都极低,微生物活性有限。在本底 Fe 元素含量高的格拉斯河沉积物

中,添加 FeOOH 后多氯联苯脱氯受到了一定程度的抑制。表现为反应的滞后期延长,脱氯的速率下降。反应进行 51 周后,G-1-Fe 组和 G-2-Fe 组的多氯联苯总量分别为 37.5±0.7 和(36.8±0.4) mg/kg;G-1 组和 G-2 组则分别仅有 32.6±0.7 和(33.6±0.2) mg/kg。统计分析显示,添加 PCB *Mixture* 1 和 PCB *Mixture* 2 的格拉斯河沉积物微环境总体脱氯速率并没有显著差异,说明本研究中多氯联苯的组成对铁还原条件下脱氯的影响很小。G-1-Fe 组和 G-2-Fe 组脱氯反应的滞后期分别是 6～9 周和 6 周左右,比产甲烷条件下的 G-1 组和 G-2 组分别延长了约 3 周。从图 5.3 中可以看出,反应进行 51 周后,添加了 FeOOH 的格拉斯河沉积物微环境仍未达到反应的平台期。因而,继续延长反应时间有可能获得更好的脱氯效果。

如第 5.2 节中所述,在格拉斯河沉积物微环境中需要 15～18 周时间才能够完全还原添加的 FeOOH。而多氯联苯脱氯的启动时间相对要提早 9 周左右,说明铁还原和多氯联苯脱氯在格拉斯河沉积物微环境中可以同时进行。

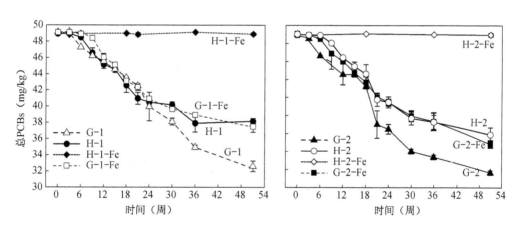

图 5.4　G-1、G-1-Fe、H-1、H-1-Fe 和 G-2、G-2-Fe、H-2、H-2-Fe 组中多氯联苯总量随时间的变化

5.3.2　CPB

反应进行 51 周后,G-1-Fe 组的 CPB 值从初始的 4.41±0.01 降低到 2.92±0.21;G-2-Fe 组的 CPB 值则从 4.31±0.00 降至 2.58±0.03。相对未添加 FeOOH 的 G-1 组 CPB 值(2.11±0.08)和 G-2 组 CPB 值(2.16±0.02),添加 FeOOH 组的脱氯程度明显较低。然而,仅从 CPB 值的变化无法

得知 FeOOH 是如何具体影响脱氯速率和脱氯路径的。为了解决这个问题，本章中继续使用了第 3 章中提出的基于氯原子位置和脱氯类型的新型分析方法。邻位、间位、对位氯原子变化规律如图 5.5 所示。与没有添加 FeOOH 的格拉斯河沉积物微环境相比，添加了 FeOOH 的 G-1-Fe 和 G-2-Fe 组中多氯联苯脱氯的抑制主要表现为对对位脱氯的抑制。从图 5.5A 和 5.5B 中可见邻位

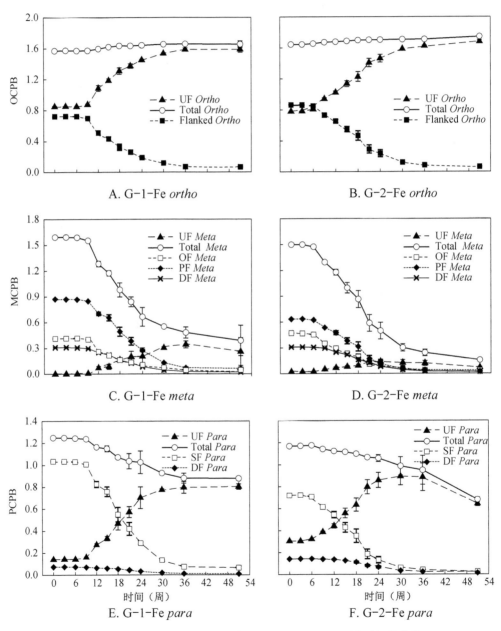

图 5.5　G-1-Fe、G-2-Fe 组中各 OCPB、MCPB、PCPB 随时间的变化

数据点为微环境样品的平均值（$n=3$）；误差棒代表标准方差

脱氯并不明显。UF *Ortho* 氯原子的增加是由于 OF *Meta* 或者 DF *Meta* 氯原子脱氯造成的,最终在沉积物微环境体系中有侧位氯取代的邻位氯原子数极其有限,大部分邻位氯原子都是以无侧位氯取代形式存在,且 OCPB 值基本保持不变。反应 51 周后,几乎所有的有邻位氯取代的间位氯原子都被脱去(图 5.5C 和 5.5D)。间位脱氯与多氯联苯的组成有关,虽然 51 周后在 G-1-Fe 和 G-2-Fe 组中残留的间位氯原子都以 UF *Meta* 为主,G-1-Fe 的 UF *Meta* 要多于 G-2-Fe 中的,说明其 UF *Meta* 脱氯活性较弱。OF *Meta* 的不断减少和邻位脱氯的缺乏可以证明 OF *Meta* 脱氯是主要的脱氯方式。UF *Meta* 在 G-1-Fe 和 G-2-Fe 组的前半段均呈现上升趋势,说明脱去的是对位氯原子,且这个对位氯原子即为 PF *Meta* 的侧位氯原子。对位氯原子的变化如图 5.5E 和 5.5F 所示,总 PCPB 值随反应时间的增长缓慢减小,与此同时 SF *Para* 迅速下降,UF *Para* 上升。残留的对位氯原子以 UF *Para* 为主。这说明两个问题:第一,SF *Para* 基团是以脱去与对位氯原子相邻的间位氯原子为主,对位脱氯是次要的;第二,FeOOH 对格拉斯河沉积物微环境中多氯联苯脱氯的抑制作用主要表现为对对位脱氯的抑制,尤其是对无侧位氯取代的对位脱氯活性。值得注意的是在 G-2-Fe 组中 UF *Para* 脱氯在 36 周后得到恢复,而 G-1-Fe 中则没有出现明显的恢复,说明多氯联苯的组成对脱氯偏好会产生一定影响。

5.3.3　三价铁对母体多氯联苯的影响

尽管总体上看,FeOOH 对格拉斯河沉积物中多氯联苯的脱氯起到中等程度的抑制作用,但其对所添加的母体多氯联苯第一步脱氯的影响却较为复杂。图 5.6 为母体多氯联苯总量随时间的变化。如图所示,添加 FeOOH 的组中仅有反应的滞后期变长,而母体多氯联苯的减少速率并没有比未添加 FeOOH 的组有所减慢。51 周的反应期结束时,超过 96% 的母体多氯联苯被降解了。这说明,添加 FeOOH 后对多氯联苯脱氯所产生的抑制作用并非由于缺乏对母体多氯联苯的第一步脱氯能力而导致的。进而需要具体分析每一种母体多氯联苯对 FeOOH 的响应。

格拉斯河沉积物微环境中每个母体多氯联苯浓度随时间的变化分别如图 5.7、5.8、5.9 和 5.10 所示。通过对比产甲烷条件下和铁还原条件下各个母体多氯联苯的浓度随时间的变化趋势,我们把 13 个母体分成三类。第一类包

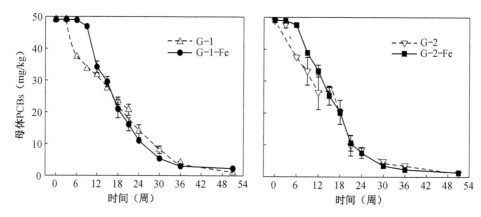

图 5.6 G-1、G-1-Fe、G-2、G-2-Fe 组中母体多氯联苯总量随时间的变化
数据点为微环境样品的平均值（$n=3$）；误差棒代表标准方差

含 PCB 5(23-CB)、PCB 12(34-CB)和 PCB 71(26-34-CB)，这一类的母体多氯联苯在产甲烷条件下（G-1 和 G-2）的浓度始终比铁还原条件下（G-1-Fe 和 G-2-Fe）的浓度要低；第二类包含 PCB 64(236-4-CB)、PCB 82(234-23-CB)、PCB 97(245-23-CB)和 PCB 99(245-24-CB)，这一类的母体多氯联苯 15 周后基本保持相同的脱氯速率和浓度；第三类包含 PCB 105(234-34-CB)、PCB 114(2345-4-CB)、PCB 144(2346-25-CB)、PCB 149(236-245-CB)、PCB 153(245-245-CB)和 PCB 170(2345-234-CB)，这一类中的母体多氯联苯在铁还原条件下的脱氯启动后速率比产甲烷条件下要更快。也就是说，本研究中所有 13 个母体多氯联苯中有 10 个第一步脱氯速率并没有受到 FeOOH 的影响减慢，甚至出现了加速现象。FeOOH 尤其是新鲜的 FeOOH 有较大的比较面积能够吸附沉积物中大量的有机污染物[152]。本研究中向沉积物微环境中添加的是新鲜配制的 FeOOH，原本吸附在沉积物有机物和沉积物颗粒表面的多氯联苯倾向于聚集在 FeOOH 上。近来也有研究发现铁还原菌本身有富集 FeOOH 颗粒，起到促进其生长的作用[153]。因而，FeOOH 的添加，很可能形成了一些 Fe(Ⅲ)浓度高、多氯联苯生物可利用性高的生态位，这些生态位有利于铁还原菌和多氯联苯脱氯菌的生长。这种可能性可以被铁还原条件下存在快速脱氯的母体多氯联苯所支持。疏水性更强的母体多氯联苯（高氯代的 PCB 144、149、153 和 170 以及共面多氯联苯 PCB 105 和 PCB 114），在没有添加 FeOOH 的沉积物微环境泥浆中生物利用性低，降解慢，而在添加了 FeOOH 后降解速率明显提高。

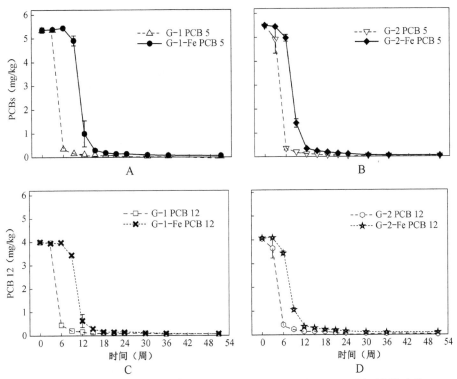

图 5.7　G-1、G-1-Fe、G-2、G-2-Fe 组中母体 PCB 5 和 PCB 12 随时间的变化

数据点为微环境样品的平均值($n=3$)；误差棒代表标准方差

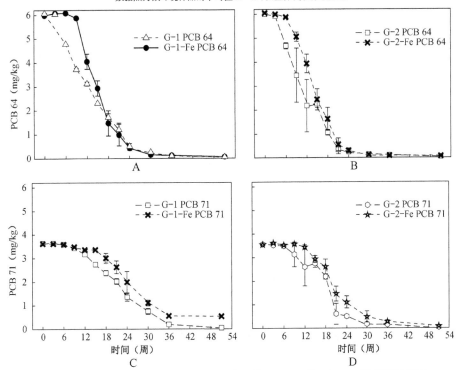

图 5.8　G-1、G-1-Fe、G-2、G-2-Fe 组中母体 PCB 64 和 PCB 71 随时间的变化

数据点为微环境样品的平均值($n=3$)；误差棒代表标准方差

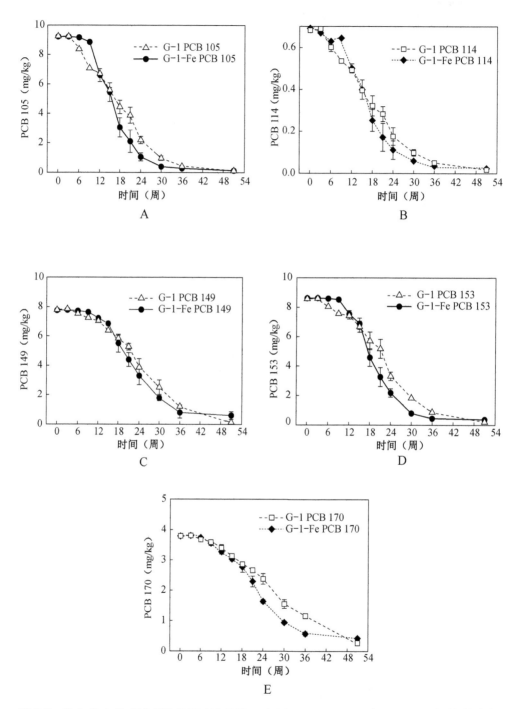

图 5.9 G-1、G-1-Fe 组中母体 PCB 105、PCB 114、PCB 149、PCB 153 和 PCB 170 随时间的变化

数据点为微环境样品的平均值（$n=3$）；误差棒代表标准方差

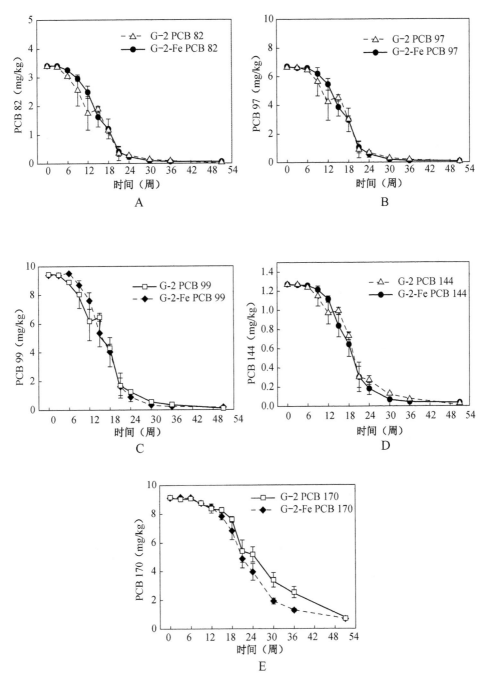

图 5.10　G-2、G-2-Fe 组中母体 PCB 82、PCB 97、PCB 99、PCB 144 和 PCB 170 随时间的变化

数据点为微环境样品的平均值（$n=3$）；误差棒代表标准方差

5.4 微生物群落定量分析

为了考察铁还原条件下多氯联苯脱氯过程中沉积物微环境中微生物群落的变化。本章中采用了 qPCR 方法定量了脱氯菌 *Dehalococcoides*、*o-17/DF-1*、两组硫酸盐还原菌 *Desulfovibrionales* 和 *Desulfuromonales*，其中 *Desulfuromonales* 涵盖了铁还原菌目 *Geobacteraceae*，以及总 *Bacteria* 的 16S rRNA 基因。考虑到添加了 FeOOH 的哈德逊河沉积物微环境的微生物活性较低，实验中仅选取了 0 周、9 周、21 周、36 周和 51 周的样品进行 qPCR 测定。图 5.11 为 *Dehalococcoides* 16S rRNA 基因随时间的变化。在哈德逊河的 H-1-Fe 组中，*Dehalococcoides* 并没有随反应时间而增加，*Dehalococcoides* 16S rRNA 基因始终低于 $1.5×10^5$ copies/ml，而这个浓度在第 3 章的产甲烷条件下和第 4 章的硫酸盐还原条件下都是多氯联苯脱氯反应启动时所需要的最低浓度。因而，铁还原条件下很可能是由于缺少足够的活性 *Dehalococcoides* 脱氯菌从而导致多氯联苯脱氯被完全抑制。而在铁还原条件下的格拉斯河沉积物微环境中，无论是添加了 PCB *Mixture 1* 还是 PCB *Mixture 2*，*Dehalococcoides* 16S rRNA 基因水平随时间都有明显的上升趋势。G-1-Fe 组中，*Dehalococcoides* 16S rRNA 基因从 $2.4×10^6±1.2×10^5$ 上升到 $9.2×10^7±3.1×10^6$ copies/ml；在 G-2-Fe 组中则从 $1.8×10^6±2.5×10^5$ 上升到 $1.1×10^8±3.1×10^6$ copies/ml。与未添加 FeOOH 的沉积物微环境组 G-1 和 G-2 相比，添加了 FeOOH 的 G-1-Fe 和 G-2-Fe 组中的 *Dehalococcoides* 16S rRNA 基因要高出 5～10 倍。虽然 *Dehalococcoides* 不能直接利用 Fe(III) 作为其终端电子受体获取能量[76,154]，但是铁还原菌可能作为其重要的共代谢菌出现。研究发现一些铁还原菌，如 *Geobacter sulfurreducen* 可以和 H_2 氧化微生物共同作用促进产 H_2，而 H_2 被认为是 *Dehalococcoides* 的首选电子供体[76,154,155]。此外，铁还原菌也可以通过发酵作用产生 H_2[92]。这两种产 H_2 机制都可以解释在格拉斯河添加 FeOOH 的沉积物微环境组中 *Dehalococcoides* 水平比其未添加 FeOOH 的微环境组要高。然而，G-1-Fe 和 G-2-Fe 组中高的 *Dehalococcoides* 16S rRNA 基因水平并没有使得铁还原条件下总的

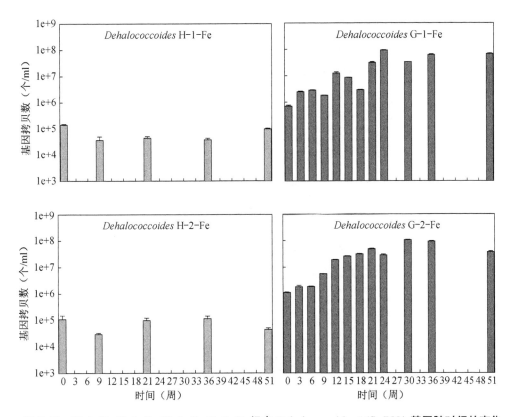

图 5. 11　H-1-Fe、G-1-Fe、H-2-Fe、G-2-Fe 组中 *Dehalococcoides* 16S rRNA 基因随时间的变化

多氯联苯脱氯水平得到增强,脱氯程度低于 G-1 和 G-2 组。多氯联苯分析显示,脱氯能力的减弱主要是由于 UF *Para* 相关的脱氯路径被抑制了,这说明虽然 *Dehalococcoides* 总量在增加,但其群落结构或者脱氯基因的表达发生了一定的变化,从而导致某些脱氯路径不再进行。

与第 3 章和第 4 章中的结果类似,*Dehalococcoides* 在铁还原条件下的格拉斯河沉积物微环境中也被选择性富集(图 5. 12)。*Dehalococcoides* 16S rRNA 基因的相对百分比在 G-1-Fe 和 G-2-Fe 组中,分别从最低 0.2% 提高到 2.5% 和从 0.2% 提高到 2.6%。*Dehalococcoides* 的富集也从一个侧面证明脱氯活动在持续进行中。

在铁还原条件下的格拉斯河沉积物微环境中,*Desulfovibrionales* 和 *Desulfuromonales* 的水平也有所提高,说明它们也具有一定的铁还原活性和/或互营性。*o*-17/DF-1 则没有发现有明显升高,说明其在 G-1-Fe 和 G-2-Fe 组中都较为缺乏。

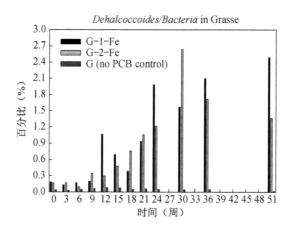

图 5-12 G-1-Fe、G-2-Fe、G 组中 *Dehalococcoides* 16S rRNA 占总 *Bacteria*

16S rRNA 基因的百分比值随时间的变化

5.5 外加碳源对多氯联苯脱氯的刺激作用

如上文所述，在常规的 51 周反应过程中，添加了 FeOOH 的哈德逊河沉积物微环境中的产甲烷活性和多氯联苯脱氯活性都被完全抑制，在添加了 FeOOH 的格拉斯河沉积物微环境中的产甲烷活性和多氯联苯脱氯活性则被部分抑制。在铁还原条件下，理论上需要更多的有机碳来和铁还原的半反应配合。以 Fe^{3+} 为电子受体，CH_3COO^- 为电子供体的反应方程式如下：

$$Fe^{3+}+\frac{1}{8}CH_3COO^-+\frac{3}{8}H_2O=Fe^{2+}+\frac{1}{8}CO_2+\frac{1}{8}HCO_3^-+H^+ \quad (5.1)$$

和第 3 章第 4 章中外加碳源的设计类似，本研究分别在反应进行 27 周、30 周和 36 周后三次在部分沉积物微环境中添加了乙酸（7.5 mmol/kg）或混合脂肪酸（乙酸、丙酸、丁酸各 2.5 mmol/kg）继续反应，并在 30 周、36 周和 51 周时分别取样与未添加碳源的微环境进行比较。表 5.1 为补充碳源后沉积物微环境中甲烷的产量。从表中可以看出，在补充第二次碳源后产甲烷菌开始逐渐恢复了活性。值得注意的是在添加了 FeOOH 的哈德逊河沉积物微环境中出现三个平行样产甲烷差别较大的情况，而在格拉斯河沉积物微环境中三个平行样的产甲烷量则非常接近。伴随甲烷的生成,哈德逊河沉积物微环境中的 Fe(II)浓度也有所升高。如图 5.13 所示,补充乙酸的 H-1-Fe 组比未补充碳源的 H-1-Fe 组在 51 周时 Fe(II)显著升高。补充脂肪酸的 H-1-Fe 组则在 36 周和 51 周时都比未补充的有显著提高。补充乙酸或脂肪酸的 H-2-Fe 组中则仅在补充了脂肪酸的第 51 周样品中 Fe(II)上升明显。研究表明,以 *Geobacter* 为主的铁还原菌是通过三羧酸循环把 Fe(III)还原和乙酸等有机电子供体的氧化组合起来[156,157]。因此,向哈德逊河沉积物微环境中补充适当的电子供体可以促进 Fe(III)还原。

表 5.1　添加了 FeOOH 的沉积物微环境在补充碳源后的甲烷产量(mmol/kg)

沉积物	反应时间 (周)	PCB *Mixture* 1		PCB *Mixture* 2	
		乙酸	脂肪酸	乙酸	脂肪酸
哈德逊河	30	0.01±0.00	0.00±0.00	0.04±0.05	0.01±0.00
	36	0.50±0.40	0.04±0.02	4.08±2.69	0.78±0.90
	51	41.78±0.61	33.91±27.04	36.42±3.68[b]	60.84±69.22
格拉斯河	30	5.92±0.56	6.28±0.19	6.05±0.28	6.68±0.10
	36	17.71±0.81	39.01±1.31	19.04±0.18	43.49±1.08
	51	26.66±0.72	51.57±1.39	26.35±0.38	49.17±1.39

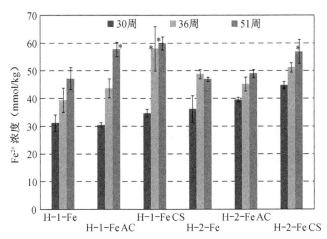

图 5.13　铁还原条件下哈德逊河沉积物微环境中补充碳源和未补充碳源时 Fe^{2+} 的浓度

AC:乙酸;CS:混合脂肪酸

＊:补充碳源和未补充碳源的样品有显著性差异($p < 0.05$)

在未能观察到多氯联苯脱氯现象的哈德逊河沉积物微环境组 H-1-Fe 和 H-2-Fe 中,补充碳源除了产甲烷作用和铁还原作用得到增强,多氯联苯的脱氯反应也开始进行。表 5.2 是母体多氯联苯在 36 周和 51 周时的浓度。母体多氯联苯浓度平均降低了 3% 到 20%。脂肪酸和乙酸的添加均可以促进脱氯。化学分析显示,脱氯路径主要是和有侧位氯取代的间位氯原子和有侧位氯取代的对位氯原子脱氯相关。然而,脱氯启动后在补充了碳源的 H-1-Fe 组和 H-2-Fe 组中 *Dehalococcoides* 并没有明显增加,这表示可能存在其他的脱氯微生物。曾有研究发现产甲烷菌自身可以具备一定的脱氯能力[85,96]。除了微环境体系中缺乏活性 *Dehalococcoides*,本研究中的多氯联苯脱氯是在产甲烷作用恢复后才开始进行的,进一步说明在铁还原条件下哈德逊河沉积物微环境中的脱氯很有可能和产甲烷菌有关。本研究还发现,在添加了 FeOOH 的格拉斯河沉积物微环境中补充碳源并没有恢复 UF *Para* 脱氯活性从而使得整体脱氯程度有所提高,但是补充碳源可以促进母体多氯联苯的降解(表 5.2)。此外,多氯联苯化学分析还显示,UF *Ortho* 脱氯在补充了乙酸或脂肪酸后得到增强。G-1-Fe 组中邻位脱氯产物在未补充碳源的微环境中在第 51 周被首次检测到,而在补充了碳源的微环境中这个时间提前到第 36 周。由于在铁还原条件下格拉斯河沉积物微环境缺乏 UF *Para* 和 UF *Meta* 脱氯能力,PCB 25(24-3-CB)和 PCB 28(24-4-CB)是主要的脱氯产物。而邻位脱氯活性又是在实验反应的后期才出现,因而两个邻位脱氯产物 PCB 13(3-4-CB)和 PCB 15(4-4-CB)的浓度较高,占到沉积物微环境体系中多氯联苯总摩尔数的 10%~15%。而在产甲烷条件下的 G-1 组,邻位脱氯产物 PCB 13 和 PCB 15 的量则小于 5%。具体分析脱氯路径发现,在产甲烷条件下 UF *Para* 和 UF *Meta* 脱氯发生在邻位脱氯之前,因此仅剩下少量的 PCB 25 和 PCB 28 可以作为邻位脱氯的母体。综上所述,本研究认为 Fe(III)的添加并不能抑制邻位脱氯,且外加碳源/能量源可以对邻位脱氯有较大的促进作用。

表 5.2　添加了 FeOOH 的沉积物微环境在补充碳源后中的母体多氯联苯总量(mg/kg)

沉积物	反应时间(周)	PCB Mixture 1			PCB Mixture 2		
		无碳源	乙酸	脂肪酸	无碳源	乙酸	脂肪酸
哈德逊河	36	49.1±0.1	49.1±0.3	48.9±0.2	49.0±0.1	49.1±0.1	45.9±5.3
	51	48.9±0.2	42.3±4.3	46.8±0.1	49.0±0.2	47.6±0.3	40.2±11.1
格拉斯河	36	2.97±0.41	2.10±0.13	2.10±0.04	2.27±0.19	2.00±0.22	2.08±0.15
	51	2.28±0.41	0.98±0.03	1.00±0.07	1.34±0.05	1.08±0.07	1.12±0.06

5.6 多氯联苯脱氯的解毒作用

在自然环境中,多氯联苯脱氯可以降低其生态风险。通常,多氯联苯的毒性主要有二噁英毒性和致癌毒性[28]。1998 年,Van den Berg 等[158]提出了毒性当量因子(Toxic equivalence factors,TEFs)的概念,以二噁英 2378-TCDD 为基准(1.0),计算其他二噁英(多氯代二苯并-对-二噁英,PCDDs 和多氯代二苯并呋喃,PCDFs)和类二噁英多氯联苯的相对毒性。此后,2005 年世界卫生组织(WHO)对 TEF 值进行了修正[159]。二噁英及类二噁英多氯联苯的 TEF 值如表 5.3 所示。在本研究中出现的两个类二噁英多氯联苯 PCB 105 和 PCB 114 的 2005 年修正 TEF 值均为 0.000 03。样品毒性当量(Toxic equivalency quotients,TEQs)的计算如公式 5.2 所示。

$$TEQ = \sum_{i=1}^{n} C_i TEF_i \tag{5.2}$$

式中:C_i 是化合物 i 的浓度;TEF_i 是化学物 i 的二噁英毒性当量因子。

表 5.3 二噁英和类二噁英化学物的 TEF

化合物	氯原子数	分子量	TEF	
			WHO$_{1998}$	WHO$_{2005}$
PCB 77	4	292	0.000 1	0.000 1
PCB 81	5	326	0.000 1	0.000 3
PCB 105	5	326	0.000 1	0.000 03
PCB 114	5	326	0.000 5	0.000 03
PCB 118	5	326	0.000 1	0.000 03
PCB 123	5	326	0.000 1	0.000 03
PCB 126	5	326	0.1	0.1
PCB 156	6	361	0.000 5	0.000 03
PCB 157	6	361	0.000 5	0.000 03
PCB 167	6	361	0.000 01	0.000 03
PCB 169	6	361	0.01	0.03
PCB 189	7	395	0.000 1	0.000 03
2378-TCDD	4	322	1	1

续表5.3

化合物	氯原子数	分子量	TEF	
			WHO$_{1998}$	WHO$_{2005}$
12378-PeCDD	5	356	1	1
123478-HxCDD	6	391	0.1	0.1
123678-HxCDD	6	391	0.1	0.1
123789-HxCDD	6	391	0.1	0.1
1234678-HpCDD	7	425	0.01	0.01
OCDD	8	460	0.000 1	0.000 3
2378-TCDF	4	306	0.1	0.1
12378-PeCDF	5	340	0.05	0.03
23478-PeCDF	5	340	0.5	0.3
123478-HxCDF	6	375	0.1	0.1
123678-HxCDF	6	375	0.1	0.1
234678-HxCDF	6	375	0.1	0.1
123789-HxCDF	6	375	0.1	0.1
1234678-HpCDF	7	409	0.01	0.01
1234789-HpCDF	7	409	0.01	0.01
OCDF	8	444	0.000 1	0.000 3

表5.4是反应进行51周后各沉积物微环境中TEQs的值。从表中可以看出,在哈德逊河沉积物微环境中TEQs降低由多到少的排列顺序是:H-1(90%左右)＞H-1-S(80%左右)＞H-1-Fe(低于10%到无减少),且补充碳源并不能有效降低微环境中的二噁英毒性。在格拉斯河沉积物微环境中,G-1和G-1-Fe组中二噁英毒性降低了约98%,G-1-S组中则仅降低了44.1%。补充碳源后,产甲烷条件下(G-1)和铁还原条件下(G-1-Fe)的沉积物微环境的TEQs并没有进一步降低;而硫酸盐还原条件下(G-1-S)的沉积物微环境的TEQs则迅速下降到和前两个条件下基本相同的水平。整体上看,在产甲烷条件下添加了PCB *Mixture* 1的各微环境组中,虽然多氯联苯的总量仅减少了10%到35%,但是二噁英毒性却减少了超过80%。从结构上看,类二噁英多氯联苯是无邻位氯原子的或者是仅有一个邻位氯原子的共面结构,其他氯原子都是间位和对位氯原子,而在研究的哈德逊河和格拉斯河沉积物中间位和对位脱氯活性都很强,甚至在格拉斯河沉积物中邻位脱氯活性都有表现,因此在两种沉积物微环境中脱氯过程同时是很好的解毒过程。

表 5.4　反应 51 周后沉积物微环境的 TEQs

沉积物	反应组	TEQs(pg/g 2,3,7,8-TCDD)		
		无碳源	乙酸	脂肪酸
哈德逊河	H-1	27.8±3.0(90.7%)*	33.1±1.3 (89.0%)	30.6±0.6 (89.8%)
	H-1-S	54.3±4.4 (82.2%)	66.3±1.3 (77.9%)	57.6±2.8 (80.8%)
	H-1-Fe	297.1±2.3 (1.0%)**	271.3±21.1 (9.6%)	293.5±3.3 (2.2%)
格拉斯河	G-1	3.9±0.1 (98.7%)	5.4±0.1 (98.2%)	4.8±0.5 (98.4%)
	G-1-S	167.7±50.7 (44.1%)	7.2±0.8 (97.6%)	6.5±0.3(97.8%)
	G-1-Fe	4.4±0.1 (98.5%)	4.5±0.3 (98.5%)	4.5±0.5 (98.5%)

*:括号内百分数代表相对于所添加母休多氯联苯的毒性当量所降低的百分比

**:该样品无多氯联苯降解发生,TEQ 和理论 TEQ 的微小差异由于实验误差造成

　　研究认为,致癌毒性主要是由含氯量超过 50% 的高氯代多氯联苯所导致的[8]。多氯联苯脱氯本身就降低含氯量的过程,从而减少致癌多氯联苯的总量。同时,低氯代多氯联苯比如本研究中作为主要脱氯产物出现的 PCB 1(2-CB),PCB 3(4-CB)和 PCB 4(2-2-CB)是不能被生物积累的[28],而且低氯代多氯联苯可以继续通过好氧氧化降解[25],从而进一步降低生态风险。

5.7　本章小结

　　本章研究了铁还原条件下两组多氯联苯混合物分别在哈德逊河和格拉斯河沉积物微环境中的脱氯现象及相关微生物群落变化,主要结论如下:

　　(1) Fe(III)的添加对哈德逊河和格拉斯河沉积物微环境中多氯联苯脱氯的影响差别巨大。哈德逊河沉积物微环境中的脱氯反应被完全抑制;格拉斯河沉积物微环境中的多氯联苯脱氯则受到了中等程度的抑制。

　　(2) 在哈德逊河沉积物微环境中补充碳源/能量源可以启动脱氯反应,该情况下的脱氯有可能和具有脱氯功能的产甲烷菌有关。

　　(3) Fe(III)对格拉斯河沉积物微环境中多氯联苯脱氯的抑制主要表现为对 UF Meta 和 UF Para 氯原子脱氯的抑制。

　　(4) 部分以 UF Meta 和 UF Para 氯原子为主的脱氯代谢产物在经过较长的反应时间后(>36 周),邻位脱氯作用明显,该邻位脱氯活性仅对有唯一

邻位取代氯的多氯联苯分子生效。

（5）由于共营作用，脱氯菌 *Dehalococcoides* 在添加了 Fe(III) 的格拉斯河沉积物微环境中的水平要普遍高于未添加 Fe(III) 的微环境，且选择性富集现象仍较为明显。

（6）Fe(III) 的添加加快了格拉斯河沉积物微环境中高氯代多氯联苯和类二噁英多氯联苯的降解，从而有效降低了生态环境中的致癌和类二噁英毒性风险。且主要脱氯产物含有 3 个或 3 个以下的氯原子，这些产物易于通过好氧氧化实现完全降解。因此，适当添加 Fe(III) 可能成为监测自然衰减法修复多氯联苯污染沉积物中一个促进高氯代多氯联苯降解的有效手段。

第6章 多氯联苯在中国太湖沉积物中的脱氯研究

太湖流域是我国经济最发达的区域之一，同时也是生态环境压力最大的区域之一。其流域面积占全国的 0.4%，而发达的工业使其国内生产总值占到全国的 10%。太湖是我国第三大淡水湖，面积 2 338 平方公里，平均水深 1.9 米，是无锡、苏州两市的主要饮用水水源地。太湖也是我国富营养化最严重的水域之一，水质安全备受关注[160]。在经济极其发达的同时，重金属、有机污染物(主要包括农药、多环芳烃、多氯联苯、二噁英等)在太湖水体、沉积物以及水产品中均有检出，且部分处于中度以上污染程度，构成一定的生态风险[161-165]。

其中，多氯联苯为代表的有机氯污染物是影响太湖流域生态环境的重要因素之一。在我国，42.5%的多氯联苯被用于东部地区[14]。江苏曾经是国内多氯联苯主要产地之一，且作为国内经济最发达地区，电力系统使用过的含多氯联苯电容器数目庞大。20 世纪七八十年代，江苏曾将这些被淘汰的电容器设备采取集中存放处置，但对一些存放点的调查发现，部分存放的电容器已经下落不明，部分电容器出现腐蚀、变压器油流失等情况，污染问题严重[166]。Xing 等[14]在太湖水体中检测到高达 631 ng/L 的多氯联苯，而《集中式生活饮用水地表水水源地特定项目标准》(GB3838—2002)中多氯联苯(指 Aroclor 1016,1221,1232,1242,1248,1254,1260)的标准仅为 20 ng/L。尽管太湖的有机氯污染研究已进行了近 20 年，由于受到实验条件等限制，大多数研究仍停留在环境监测和污染来源分析的层面[14,17,163,167-169]。Zhang 等检测出太湖沉积物中多氯联苯的浓度在 0.90～29.7 $\mu g/kg$。陈燕燕等[163]和聂明华等[169]分别用特征同系物的方法得出沉积物样品中多氯联苯的来源为 Aroclor 1242/Aroclor 1254 混合源和 Aroclor 1016/Aroclor 1260 混合源。然而，该方法排除了可能的厌氧微生物脱氯降解的影响，可能造成结果的偏差。太湖沉积物中类二噁英多氯联苯也多次被检出[18,165,170]。Xu 等[18]运用芳香烃受体调控的荧光素酶报告基因表达技术（H4IIE-*luc* bioassay）对太湖沉积物中二噁英类物质生物效应（毒性）进行了研究，通过改良后的毒性评价模型重新估算了太湖近十几年沉积物二噁英类物质的毒性，发现尽管污染物总量存在波动，其类二噁英毒性呈持续下降趋势。因而，我们认为在比美国哈德逊河和格拉斯河多氯联苯污染程度轻的太湖沉积物中，也可能存在有机氯污染物的脱氯降解。除了多氯联苯，有机氯农药（OCPs），如五氯酚、林丹、滴滴涕（DDTs）和六六六（HCHs）等在太湖流域都有较高的残留，这些含氯持久性有机污染物的环境行为（包括降解途径）类似，因此，多氯联苯降解的研究可同时为该地区其他有机氯污染物治理提供参照。

为了证实太湖沉积物具备降解多氯联苯、尤其是类二噁英多氯联苯的能力，本章中，分别通过向太湖沉积物中添加 PCB *Mixture* 1（T-1）、PCB *Mixture* 1 和碳源乙酸（7.5 mM）（T-1-AC）或脂肪酸（乙酸、丙酸、丁酸各 2.5 mM）（T-1-CS）、PCB *Mixture* 1 和 40 mmol/kg 的 FeOOH（pH＝7.0）（T-1-Fe）、PCB *Mixture* 1 和 16 mmol/kg 的 Na_2SO_4（pH＝7.0）（T-1-S）来全面考察太湖沉积物中多氯联苯的脱氯规律。

6.1　太湖沉积物理化性质

本研究采用的沉积物采集自西太湖竺山湾区域，即采样图 6.1 的 Z1、Z2、Z3 和 Z4 点。采样点经纬度坐标见表 6.1。竺山湾为一半封闭性富营养湖湾，同时也是太湖西北角上唯一的河港，面积约 57.2 km²。竺山湾涉及无锡马山区、宜兴市和常州武进区，所涉区域内乡镇工厂遍布，大量工业废水、生活污水

表 6.1 太湖竺山湾沉积物点样品坐标

采样点	坐标	
Z1	31°27′6.15″N	120°0′52.70″E
Z2	31°27′34.35″N	120°1′26.24″E
Z3	31°28′6.53″N	120°2′1.47″E
Z4	31°28′40.14″N	120°2′38.29″E

通过入湖河流排入湾中,导致竺山湾成为太湖水质污染严重且恶化速率快的湖湾之一,常年水质处于劣 V 类。

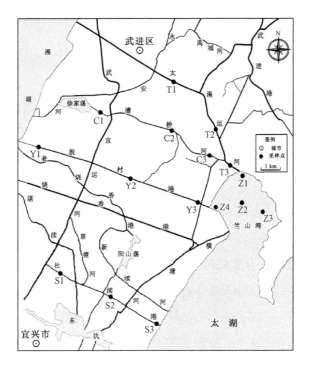

图 6.1　太湖沉积物采样图

太湖竺山湾沉积物样品的含水率、TOC、pH 值以及 SO_4^{2-} 和 Fe 等的含量见表 6.2。从表中可以看出,太湖沉积物的 TOC 远低于格拉斯河沉积物(5.73%),与哈德逊河的 TOC(1.26%)相当或略低,总体处于贫碳的状态。沉积物的 pH 值在 6.6～7.1 之间,基本接近中性,但略微偏酸性。SO_4^{2-} 水平则是太湖>哈德逊河>格拉斯河。Fe 的含量为太湖>格拉斯河>哈德逊河。因此,太湖沉积物中电子受体丰富,很可能与多氯联苯脱氯菌产生竞争、协同等复杂的代谢关系。研究将四个采样点获得的表层沉积物等质量混合后进行后续的多氯联苯沉积物微环境实验。

表 6.2　太湖沉积物基本物理化性质

采样点	含水率 (%)	TOC (%)	pH	SO_4^{2-} *	Fe*	Pb	Mn	Cu
Z1	41.58	0.52	6.8	6.90×10^2	2.49×10^4	40.4	8.61×10^2	1.01×10^2
Z2	58.91	1.23	7.1	1.39×10^3	3.22×10^4	78.5	1.66×10^3	1.88×10^2

续表 6.2

采样点	含水率 （%）	TOC （%）	pH	SO_4^{2-} *	Fe*	Pb	Mn	Cu
Z3	62.71	1.27	6.6	6.23×10^2	3.49×10^4	57.4	1.40×10^3	1.44×10^2
Z4	38.86	0.53	6.9	7.49×10^2	3.02×10^4	30.5	4.76×10^2	9.55×10^1

6.2 太湖沉积物微环境中的产甲烷情况

沉积物微环境脱氯实验进行 15 周后，对无碳源组（T-1）、乙酸组（T-1-AC）和混合脂肪酸组（T-1-CS）顶空气体进行 CH_4、CO_2 和 H_2 的检测。结果表明 H_2 均无检出。混合脂肪酸组的产气量最大，CH_4 和 CO_2 的产气率分别为 21.81 mmol/kg 和 5.55 mmol/kg；乙酸组次之，CH_4 和 CO_2 的产气量分别为 15.67 mmol/kg 和 4.87 mmol/kg；无碳源组的 CH_4 和 CO_2 的产气量仅为 1.28 mmol/kg 和 0.56 mmol/kg，与添加碳源组的产气率相差一个数量级。对比发现，太湖无碳源组 15 周时 T-1 的甲烷产量只有同期哈德逊河无碳源组 H-1 的一半，并较格拉斯河无碳源组 G-1 低一个数量级。考虑到沉积物本底有机碳含量的排列顺序格拉斯河＞哈德逊河≥太湖，沉积物产甲烷能力和其有机碳含量有关。碳源的添加使得产甲烷作用增强，大量 CH_4 气体生成；说明较短链脂肪酸被微生物利用并完全矿化，这也是 CO_2 产量升高的原因。15 周时，添加 SO_4^{2-}、FeOOH 的微环境中甲烷的浓度分别是 T-1 组即无碳源添加组的 13% 和 17%，说明竞争电子受体的添加抑制了产甲烷作用。对比添加 SO_4^{2-} 的哈德逊河沉积物微环境 H-1-S 组发现，SO_4^{2-} 产生的抑制作用基本和哈德逊沉积物微环境相当，这可能和两种沉积物都属于本底 SO_4^{2-} 含量较高和贫碳环境有关；对比添加了 Fe(Ⅲ) 的哈德逊河沉积物微环境 H-1-Fe 则发现，在哈德逊河中被完全抑制了产甲烷活性，在太湖中得以保持，而太湖本底的 TOC 含量甚至低于哈德逊河，Fe 含量远高于哈德逊河。因此，我们认为，Fe(Ⅲ) 对沉积物微环境中微生物活性的影响不仅和沉积物自身可利用的碳源/能量源有关，也与本底中的 Fe 有关，本底 Fe 含量较高则有可能使微生物对外加 Fe(Ⅲ) 的适应性增强，从而减少抑制。

6.3　微环境中三价铁和硫酸盐的还原

本章对沉积物微环境中反应 24 周内的 Fe^{2+} 的含量进行了跟踪测定,得到了 T-1、T-1-Fe 和 T-1-S 组 Fe^{2+} 随时间的变化(见图 6-2)。从图中可以看出,添加了 FeOOH 的实验组(T-1-Fe)沉积物微环境中,Fe(II) 累积的速率和含量均最高;仅有 PCB *Mixture* 1 组,即 T-1 组,Fe(II) 累积的速率和含量次之;添加了 SO_4^{2-} 的实验组(T-1-S)最低。说明硫酸盐还原菌和铁还原菌存在竞争,SO_4^{2-} 的添加减缓了 Fe(Ⅲ) 的还原。从 T-1-Fe 组和 T-1 组中 Fe^{2+} 含量的差值可以看出,反应 24 周后所添加的 40 mmol/kg FeOOH 并没有被完全还原,铁还原反应仍在进行中。

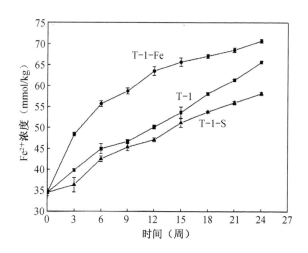

图 6.2　T-1、T-1-Fe、T-1-S 组中 Fe^{2+} 浓度随时间的变化

本书第 5.5 节中已讨论过在反应后期(27 周后)补充碳源对 Fe(III) 还原有一定的促进作用。本章的研究中对 T-1 组和反应零时刻即补充了碳源乙酸的 T-1-AC 组,以及反应零时刻即补充了混合脂肪酸的 T-1-CS 中 Fe(II) 的浓度进行对比,发现前 15 周中,补充了碳源的两组 Fe(II) 浓度均显著高于未添加碳源的 T-1 组(p<0.01),且补充混合脂肪酸对 Fe(III) 还原的促进作用,尤其是前 9 周的促进作用要好于补充乙酸,该结果与第 5 章中向对添加 Fe(III) 后脱氯被完全抑制的 H-1-Fe 组中补充碳源所观察的结果一致。进一

步说明,在碳源充足时铁还原菌更易于通过三羧酸循环把 $Fe(III)$ 还原和乙酸等有机电子供体的氧化联合起来[156,157]。

实验进行 24 周后,T-1-S 组负二价硫的浓度远低于 16 mmol/kg(所添加的 Na_2SO_4 浓度),说明硫酸盐还原反应仍在进行中。观察发现,当实验进行到 18 周时,T-1-S 组沉积物微环境泥浆的颜色明显较 T-1 组和 T-1-Fe 组要深,呈现出深黑色。结合对太湖底泥样品中的重金属含量分析结果表明,太湖沉积物中 Fe、Mn、Pb 和 Cu 等金属元素的含量较高。因此,可能是由于沉积物微环境中生成的负二价硫与 Fe^{2+}、Mn^{2+}、Pb^{2+} 和 Cu^{2+} 等金属离子发生了反应,形成了难溶性黑色沉淀(25℃时,FeS、MnS、PbS 和 CuS 的溶度积分别为 6.3×10^{-18}、2.0×10^{-10}、8.0×10^{-28} 和 1.3×10^{-36}),从而使沉积物微环境呈现出深黑色。另一方面,难溶沉淀物的产生也在一定程度上降低了硫化物的毒性,可以减弱对微生物脱氯反应的抑制作用,使脱氯反应可能进行[95]。

6.4　微环境中微生物反应吉布斯自由能分析

以厌氧过程中常见的电子供体乙酸为例,对微生物常见的氧化还原反应进行能量分析。反应涉及的半反应(以电子当量计算)及其吉布斯标准自由能见表 6.3。

表 6.3　半反应及其吉布斯标准自由能(pH=7.0)

氧化/还原对	半反应		$\Delta G^{0'}/kJ/e^- eq^*$
亚铁/三价铁	$Fe^{3+} + e^-$	$= Fe^{2+}$	-74.27
硫化物/硫酸盐	$SO_4^{2-} + H^+ + e^-$	$= H_2S + HS^- + H_2O$	20.85
乙酸/二氧化碳	$CO_2 + HCO_3^- + H^+ + e^-$	$= CH_3COO^- + H_2O$	27.40
甲烷/二氧化碳	$CO_2 + H^+ + e^-$	$= CH_4 + H_2O$	23.53
多氯联苯	$C_{12}H_6Cl_4 + H^+ + e^-$	$= C_{12}H_7Cl_3 + Cl^-$	-48.43

*:半反应吉布斯自由能数据来自 Rittmann 和 McCarty 所著《环境生物技术:原理与应用》[171]

以一个电子当量为基础,以乙酸盐作为电子供体,分别以 Fe^{3+}、SO_4^{2-}、CO_2(产甲烷)和多氯联苯(以四氯联苯为例)作为电子受体,计算微生物获取的吉布斯标准反应自由能,计算结果见表 6.4。从表中可以看出,从能量的角度考虑,优先的电子受体顺序是:Fe^{3+}>多氯联苯>SO_4^{2-}>CO_2(产甲烷),即是说,Fe^{3+} 比 SO_4^{2-} 更具有竞争性。但是,FeOOH 为极难溶物质,常温下其溶度积常数仅为 3.2×10^{-42},这就意味着,实际反应中,Fe^{3+} 浓度远远低于计算所使用的标准浓度 1.0 M,因而,Fe(Ⅲ)的竞争性并没有那么强。同理,多氯联苯的浓度也远远低于计算使用的 1.0 M,因而在实际环境中各个反应之间的能量优势关系不再明显。在本章中,通过对顶空气体和 Fe(Ⅱ)、负二价硫的分析发现产甲烷、铁还原和硫酸盐还原在同时进行,氧化还原电位已经降低,理论上可以发生多氯联苯脱氯反应。

表 6.4　不同电子受体获取的吉布斯标准反应自由能

反应	反应方程式	$\Delta G_r^{0'}/kJ/e^-$ eq*
三价铁还原	$CH_3COO^- + 3H_2O + Fe^{3+} \rightarrow CO_2 + HCO_3^- + 8H^+ + 8Fe^{2+}$	-101.67
硫酸盐还原	$2CH_3COO^- + 2SO_4^{2-} + 3H^+ \rightarrow 2CO_2 + HCO_3^- + H_2S + HS^- + 2H_2O$	-6.55
产甲烷	$CH_3COO^- + H_2O \rightarrow CH_4 + HCO_3^-$	-3.87
多氯联苯脱氯	$CH_3COO^- + 3H_2O + 4C_{12}H_6Cl_4 \rightarrow 4C_{12}H_7Cl_3 + 4Cl^- + CO_2 + HCO_3^- + 4H^+$	-75.83

6.5　太湖沉积物微环境中的脱氯行为

6.5.1　多氯联苯脱氯的证据

沉积物微环境中所添加的母体多氯联苯总量的变化可以直观地反应多氯联苯厌氧脱氯反应启动的情况。在为期 24 周的实验中,所有实验组 T-1、T-1-S、T-1-Fe 中均发现母体多氯联苯的减少,其总量随时间的变化见图 6.3。三种不同实验条件下,多氯联苯脱氯反应均存在滞后期。其中 T-1 组的滞后期约为 3 周,T-1-Fe 的滞后期在 12 到 15 周之间,T-1-S 的滞后期则长达 18 周,在第 18 周之后其脱氯反应才启动。母体多氯联苯减少的相对速率为

T-1＞T-1-Fe＞T-1-S。具体到各实验组中每个母体多氯联苯，其脱氯反应开始的时间和降解速率则不尽相同。

以添加了 PCB *Mixture* 1 的 T-1 组为例，二氯联苯 PCB 5(23-CB)和 PCB 12(34-CB)、类二噁英五氯联苯 PCB 105(234-34-CB)和 PCB 114(2345-4-CB)、七氯联苯 PCB 170(2345-234-CB)均在培养 3 周后即开始逐步降解；四氯联苯 PCB 64(236-4-CB)、六氯联苯 PCB 149(236-245-CB)和 PCB 153(245-245-CB)的含量分别在 9 周、15 周和 6 周之后开始下降，而四氯联苯 PCB 71(26-34-CB)在培养 12 周后才开始缓慢降解，到第 24 周结束时，仍有约 90% 的 PCB 71 母体存在。而第 24 周时，PCB 170 的含量平均降低了 55.7%；PCB 153 和 PCB 149 的含量分别降低了 65.1% 和 18.1%；类二噁英 PCB 114 和 PCB 105 的含量分别降低了 93.3% 和 94.2%；PCB 64 的含量降低了 44.5%。同时，还发现 PCB 12 和 PCB 5 的脱氯也较快，截止到第 24 周，PCB 12 的浓度从 18.96 ± 0.11 nmol/g 降至 0.97 ± 0.03 nmol/g，平均降低了 94.9%；PCB 5 的浓度从 25.87 ± 0.10 nmol/g 降低至 0.65 ± 0.02 nmol/g，平均降低了 97.5%。相对而言，PCB 71 的降解速率最慢，24 周内降解约 10%，这与美国哈德逊河和格拉斯河中 PCB 71 快速降解的现象完全不同，具体原因还有待进一步探究。

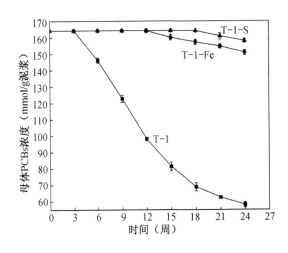

图 6.3　T-1、T-1-S 和 T-1-Fe 组中多氯联苯母体浓度随时间变化

添加了 PCB *Mixture* 1 和 FeOOH 的 T-1-Fe 组中，PCB 5、PCB 105、PCB 114 和 PCB 170 均在 12 周之后逐步降低，而其他五种多氯联苯单体的浓度则基本没有变化；添加了 PCB *Mixture* 1 和 SO_4^{2-} 的 T-1-S 组中，PCB 5 和 PCB

105 的浓度在 18 周之后逐步降低,而其他七种多氯联苯单体的含量基本没有变化。在同一组沉积物微环境中,各个多氯联苯单体脱氯反应启动时间的差异表明沉积物中的脱氯微生物对脱氯底物多氯联苯具有选择性;不同组沉积物微环境中,同一多氯联苯单体脱氯反应开始的时间也不尽相同,表明太湖沉积物中微生物厌氧脱氯反应受到所处地球化学环境的影响。然而,三组微环境中都观察到了 PCB 5 和 PCB 105 首先开始脱氯反应,说明这两种多氯联苯单体在太湖沉积物中更容易被微生物降解。FeOOH 和 SO_4^{2-} 的添加均抑制了母体多氯联苯的脱氯,且 FeOOH 的抑制作用要弱于 SO_4^{2-},这和同样重金属含量较高的美国格拉斯河沉积物微环境中所观察到的抑制规律类似。

6.5.2　CPB

在前几章中,我们曾用每个联苯苯环上的平均氯原子数(CPB)来反映多氯联苯脱氯程度。本章中,T-1、T-1-S 和 T-1-Fe 组 CPB 值随时间的变化如图 6.4 所示。在培养 24 周后,T-1 组的 CPB 值由 4.36±0.02 降至 3.88±0.04;T-1-Fe 组中则降至 4.29±0.05;T-1-S 组中的 CPB 变化则更不明显,第 24 周时的 CPB 值为 4.34±0.02。由于在添加了 FeOOH 和 SO_4^{2-} 的沉积物微环境组中,脱氯反应尚处于刚开始的阶段,因而需要延长反应时间才能获得更多的脱氯相关信息。对比同样添加了 PCB *Mixture* 1 的哈德逊河和格拉斯河沉积物微环境组 H-1 和 G-1 发现,在第 24 周时 H-1 的 CPB 值为 3.29±0.09,G-1 的 CPB 值为 3.20±0.28。表明太湖沉积物微环境反应前

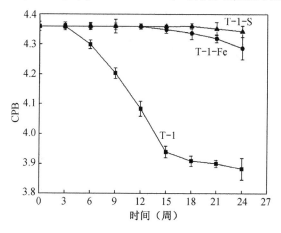

图 6.4　T-1、T-1-S 和 T-1-Fe 组中 CPB 随时间变化

24 周的脱氯程度要低于美国哈德逊河和美国格拉斯河沉积物微环境。这可能是由于太湖沉积物历史上多氯联苯污染程度要远低于美国的两条河流，脱氯微生物相对能力较弱。然而，反应并没有进入平台期，后续的脱氯行为仍有待实验探讨。

6.5.3 多氯联苯的脱氯产物和脱氯路径

脱氯产物的检出和定量是分析归纳相关脱氯路径和脱氯偏好的要求，也是脱氯反应发生的直接证据。随着脱氯的进行，沉积物微环境中出现的多氯联苯单体由最初添加的 9 种母体逐渐增多。图 6.5 是反应零点和反应 24 周后 T-1 组中多氯联苯单体分布的情况。从图中可以看出，9 种多氯联苯母体量减少的同时，生成了若干子代脱氯产物。24 周时生成的主要脱氯产物包

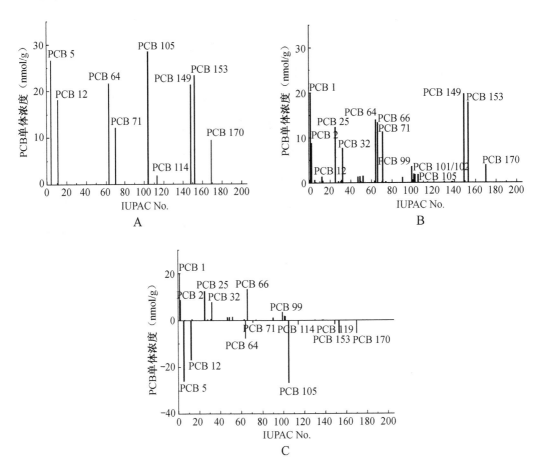

图 6.5　T-1 组反应 0 周(A)和反应 24 周后(B)的多氯联苯单体浓度分布，以及 0 周和 24 周相对变化量(C)

括:PCB 1(2-CB)、PCB 2(3-CB)、PCB 25(24-3-CB)、PCB 32(26-4-CB)、PCB 47(24-24-CB)、PCB 49(24-25-CB)、PCB 52(25-25-CB)、PCB 66(24-34-CB)、PCB 90(235-24-CB)、PCB 99(245-24-CB)、PCB 101(245-25-CB)和 PCB 102(245-26-CB)。其中 PCB 1、PCB 2、PCB 25、PCB 32 和 PCB 66 的含量最高。为了明晰形成每种多氯联苯脱氯产物所经历的多氯联苯脱氯路径,研究根据所添加的 9 种母体多氯联苯均不会成为其他母体理论上的一代脱氯子产物,从而按照母体的减少与其子产物的增加反向追踪其来源,判断主要的脱氯路径。本研究依照子产物的出现时间及 IUPAC 编号排序,将满足下列条件的脱氯子产物归纳入表 6.5:(1)自首次出现时间起,在后续采样中亦被检出;(2)检出浓度足以保证子产物存在,而非实验误差造成;(3)子产物与其母体、下一级子产物的出现时间和浓度增减变化相吻合。

表 6.5　脱氯代谢产物及其母体和脱氯路径

IUPAC#	结构	初次检出	浓度(nmol/g 泥浆)		母体多氯联苯		脱氯位置
		(周)	初始	24 周	上级	初始添加	
PCB 1	2-	6	2.39	19.60	PCB 5	PCB 5	OF *Meta*
PCB 2	3-	6	1.96	8.56	PCB 12	PCB 12	SF *Para*
PCB 55	234-3	6	0.15	0.05	PCB 105	PCB 105	SF *Para*
PCB 56	23-34	6	0.07	0.01	PCB 105	PCB 105	SF *Para*
PCB 66	24-34	6	1.04	11.04	PCB 105	PCB 105	DF *Meta*
PCB 101	245-25	6	0.08	2.41	PCB 153	PCB 153	SF *Para*
					PCB 55	PCB 105	DF *Meta*
PCB 25	24-3	9	1.77	14.32	PCB 66	PCB 105	SF *Para*
					PCB 63	PCB 114	OF *Meta*
PCB 31	25-4	9	0.09	0.69	PCB 74	PCB 114	SF *Para*
					PCB 64	PCB 64	OF *Meta*
PCB 32	26-4	9	1.10	7.27	PCB 71	PCB 71	PF *Meta*
					PCB 90	PCB 170	OF *Meta*
PCB 49	24-25	9	0.07	1.84	PCB 99	PCB 153	SF *Para*
					PCB 101	PCB 153	PF *Meta*
PCB 52	25-25	9	0.07	2,22	PCB 101	PCB 153	SF *Para*
PCB 63	235-4	9	0.19	0.29	PCB 114	PCB 114	DF *Para*
PCB 74	245-4	9	0.22	0.23	PCB 114	PCB 114	DF *Meta*
					PCB 130	PCB 170	DF *Meta*
PCB 90	235-24	9	0.09	0.99	PCB 137	PCB 170	DF *Para*

续表 6.5

IUPAC#	结构	初次检出	浓度（nmol/g 泥浆）		母体多氯联苯		脱氯位置
					PCB 153	PCB 153	PF *Meta*
PCB 99	245-24	9	0.41	3.28	PCB 137	PCB 170	DF *Meta*
					PCB 138	PCB 170	DF *Meta*
PCB 102	235-26	9	0.11	1.46	PCB 149	PCB 149	OF *Meta*
PCB 130	234-235	9	0.08	0.22	PCB 170	PCB 170	DF *Para*
PCB 137	2345-24	9	0.16	0.17	PCB 170	PCB 170	DF *Meta*
PCB 138	234-245	9	0.15	0.19	PCB 170	PCB 170	DF *Meta*
PCB 13	3-4	12	0.05	0.61	PCB 25	PCB 105	UF *Ortho*
					PCB 66	PCB 105	PF *Meta*
PCB 28	24-4	12	0.11	0.26	PCB 74	PCB 114	PF *Meta*
PCB 47	24-24	12	0.20	1.07	PCB 99	PCB 153	PF *Meta*

当脱氯启动时，即 3 至 6 周，被取代的氯原子绝大部分是邻位氯取代的间位氯原子（OF *Meta*）、双侧氯取代的间位氯原子（DF *Meta*）和单侧氯取代的对位氯原子（SF *Para*）。这说明有侧位氯取代的间位、对位氯原子是最易于脱氯的位置。6 周后，除了上述的脱氯方式外，对位氯取代的间位脱氯（PF *Meta*）和双侧氯取代的对位脱氯（DF *Para*）也可以进行。在此阶段 9 种 PCB 母体全部开始降解，甚至出现 PCB 170 的二代、三代子产物，部分母体也出现二代子产物。对比各个单体的初始浓度与最终浓度，可以发现呈现明显积累的 5 种 PCB 单体 PCB 1、PCB 2、PCB 25、PCB 32、PCB 66（PCB 66 是 PCB 25 最可能的上一级母体）的共同特点是：联苯环上剩余的氯原子多为无侧位氯取代的氯原子，不论该氯原子是邻位、间位或对位氯原子。这说明当相邻位置存在氯原子时，氯原子被取代的难度会降低，是微生物首选的进攻位置。

在添加了 FeOOH 的 T-1-Fe 组中，最主要的脱氯路径和 PCB 105、PCB 5 的降解有关，脱氯的位置在 DF *Meta*、OF *Meta* 和 SF *Para*。具体脱氯路径见图 6.6。事实上，PCB 170 和 PCB 114 的脱氯反应也逐渐开始进行。与 T-1 组相比，在 T-1-Fe 中所观察到的主要脱氯位置和 T-1 组中第 6 周时首先观察到的脱氯位置相吻合。这说明，FeOOH 的添加虽然延长了脱氯反应的滞后期，减慢了脱氯反应的速率，但并没有改变脱氯的偏好，DF *Meta*、OF *Meta* 和 SF *Para* 氯原子仍旧是最易于被微生物所利用的。

在培养 24 周后，添加了 SO_4^{2-} 的 T-1-S 组所表现出对脱氯的抑制作用要强于 T-1-Fe 组。在沉积物微环境中仅检测到 PCB 105 和 PCB 5 两种单体的

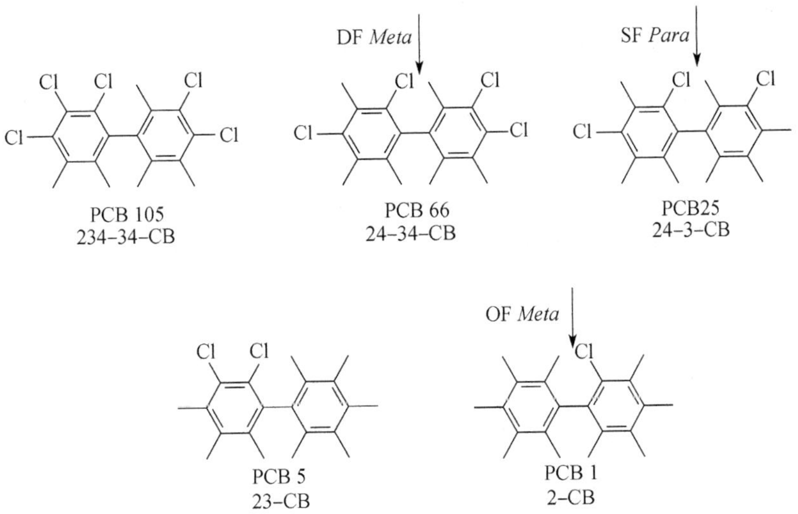

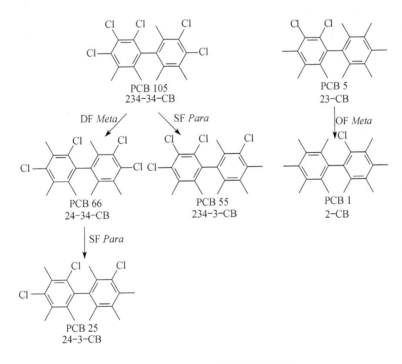

图 6.6　T-1-Fe 组的主要脱氯路径

脱氯产物(见图 6.7)。并且,T-1-Fe 中不同的是,PCB 105 的一代脱氯产物不仅集中出现了间位脱氯产物 PCB 66,还集中出现了对位脱氯产物 PCB 55。通常来说,相比于间位脱氯,对位脱氯要更难。而在硫酸盐还原条件下,对位

图 6.7　T-1-S 组的主要脱氯路径

113

脱氯的效果得到显现,该结果和美国哈德逊河、格拉斯河的结果基本一致,与此前报道的硫酸盐对多氯联苯脱氯的影响研究结果也保持一致[91]。这说明,硫酸盐还原条件下,对位脱氯选择性的出现可能是普遍现象,具体代谢机理还有待深入探讨。

6.5.4　外加碳源对太湖沉积物多氯联苯脱氯的影响

由于太湖沉积物属于贫碳沉积物,TOC含量低。因而设计在时间零点向沉积物微环境中补充乙酸(T-1-AC组)或混合脂肪碳源(T-1-CS组)来增加有机碳含量。结果显示,外加乙酸碳源可以缩短脱氯反应的滞后期,在第3周时,T-1-AC组中即检测出PCB 5的脱氯产物PCB 1。反应进行15周后,T-1-AC组残留的9种母体多氯联苯的总浓度为79.2±8.1 nmol/g和86.5±6.8 nmol/g,分别是初始添加母体(164.3 nmol/g)的51.8±5.1%和56.0±4.2%;同期无碳源组T-1内9种母体多氯联苯的浓度为82.6±4.3 nmol/g。因而外加碳源并没有显著加快沉积物微环境中母体多氯联苯的降解。从CPB角度看,T-1、T-1-AC和T-1-CS组分别从初始的4.36±0.02降到15周的3.94±0.09、3.87±0.08和3.92±0.05,同样并没有显著性差异。说明在实验初始补充碳源除了可以缩短脱氯菌的适应期,并不能有效促进多氯联苯脱氯。该结果与此前在美国查尔斯顿港所观察的碳源对多氯联苯脱氯的影响基本一致[60]。

虽然外加碳源并没有显著增强脱氯效果,但碳源的补充对脱氯路径和脱氯产物的分布影响仍需要具体分析。图6.8展示了反应进行15周后T-1-AC组和T-1-CS组中多氯联苯单体的平均分布情况以及15周与反应初始(0周)分布的变化情况。如图可见,两种碳源情况下的多氯联苯单体分布极为类似,主要子产物包括PCB 1(2-CB)/2(3-CB)、PCB 25(24-3-CB)/32(26-4-CB),PCB 49(24-25-CB)/52(25-25-CB)/PCB 66(24-34-CB),PCB 90(235-24-CB)/99(245-24-CB)/101(245-25-CB)/102(245-26-CB)。这些子产物和上文无碳源组T-1中所观察到的代谢产物一致。说明补充碳源并没有改变太湖沉积物微环境中出现的脱氯路径。与T-1组类似,外加碳源组中PCB 5和PCB 12的降解最为显著;类二噁英五氯联苯PCB 105、PCB 114和七氯联苯PCB 170的降解也较快。而四氯联苯PCB 64、PCB 71和六氯联苯PCB 149、153的降解相对较慢。分析15周时的多氯联苯单体浓度发现,外加乙酸对 PCB 5、PCB 12、PCB 64、PCB 105、PCB 114 和 PCB 170 降解的效果略好于混合酸,脱氯产物 PCB 25、PCB 32 和 PCB 52 的浓度均高于混合脂肪酸组。

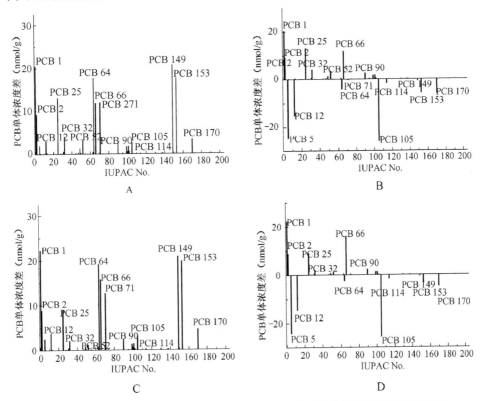

图 6.8　反应 15 周后 T-1-AC 和 T-1-CS 沉积物微环境中的多氯联苯分布情况

(A) T-1-AC 组多氯联苯分布;(B) T-1-AC 组 0 周和 15 周的相对差值;(C) T-1-CS 组多氯联苯分布;(D) T-1-CS 组 0 周和 15 周的相对差值

　　为更清晰地描述外加碳源对多氯联苯分布的影响,本研究对比了培养 15 周后 T-1 组、T-1-AC 组和 T-1-CS 组中多氯联苯单体分布,以 T-1-AC 和 T-1-CS 组的多氯联苯单体平均浓度分别与 T-1 组多氯联苯平均浓度作差,绘制出外加碳源与无外加碳源时多氯联苯单体浓度差图(图 6.9)。

　　在图 6.9A 中,外加乙酸组 T-1-AC 的 9 种母体多氯联苯中 PCB 64、PCB 105、PCB 114、PCB 149、PCB 153 和 PCB 170 较 T-1 组有一定的减少,而 PCB 5、PCB 12 和 PCB 71 并没有比 T-1 组减少。在脱氯子产物中,PCB 66(对应母体 PCB 105)和 PCB 99(对应母体 PCB 153)少于 T-1 组,而 PCB 25(对应母体 PCB 105)、PCB 49(对应母体 PCB 153 和 170)、PCB 52(对应母体 PCB

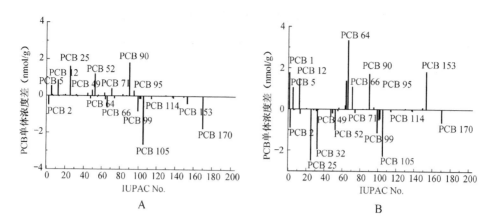

图 6.9 反应 15 周后 T-1-AC(A)和 T-1-CS(B)组中的多氯联苯单体平均浓度与 T-1 组多氯联苯单体平均浓度的差值

153)、PCB 90(对应母体 PCB 170)和 PCB 95(对应母体 PCB 149)则较 T-1 组有所增加。说明乙酸的补充一定程度上可以改变各个脱氯路径之间的相对速率,从而改变了多氯联苯的分布。经过比较上述单体的浓度增减量,发现乙酸对降解路径与速率的影响规律包括:(1)补充乙酸可以增强 PCB 170 的降解,而对其二代子产物 PCB 90 则无明显促进,PCB 90 的浓度增加量约等于 PCB 170 浓度减少量。这说明乙酸的补充仅增强了 PCB 170 至 PCB 90 降解过程中 DF *Meta*、DF *Para* 脱氯;(2)补充乙酸也增强了 PCB 105 的降解,其一代子产物 PCB 66 也有所下降,而其二代子产物 PCB 25 则显著增加,说明乙酸可以促进的脱氯路径包括 DF *Meta* 和 SF *Para* 脱氯。但上文中多氯联苯脱氯程度和 CPB 的比较显示,乙酸的补充并不能显著增强脱氯效果,因而,乙酸的补充对某些脱氯路径的促进作用具有多氯联苯单体的选择性,并不是普遍适用于所有多氯联苯单体。

如图 6.9B 所示,混合脂肪酸组 T-1-CS 的 9 种母体多氯联苯中 PCB 105、PCB 114、PCB 170 较 T-1 组有所减少,而 PCB 5、PCB 12、PCB 64、PCB 71、PCB 149 和 PCB 153 均有一定的增加。脱氯子产物中,PCB 25、PCB 32、PCB 52、PCB 99、PCB 101 和 PCB 102 均比 T-1 组中的产物浓度要低,而 PCB 66 和 PCB 90 则浓度上升。PCB 66 和 PCB 90 浓度的上升是由于 PCB 105 和 PCB 170 的降解导致的,涉及的脱氯路径主要是针对 DF *Meta*、DF *Para* 氯原子;但在 PCB 66 浓度增大的同时,其子产物 PCB 25 的浓度却比 T-1 组中的浓度更低,说明是 PCB 66 转化为 PCB 25 的 SF *Para* 脱氯受到一定程度的抑制。PCB 32、PCB 52、PCB 99、PCB 101 和 PCB 102 的相对减少则表明 OF

Meta 和 PF *Meta* 脱氯被一定程度减缓了。

综上所述,乙酸或混合脂肪酸碳源的补充均可以有效降低类二噁英多氯联苯的含量,一定程度上改变脱氯路径的相对速率,但对太湖沉积物微环境整体的脱氯效果并没有显著影响。

6.6　太湖沉积物微环境中的 TEQ 变化

本书第 5.6 节中总结了美国哈德逊河和格拉斯河沉积物微环境在反应51 周后的 TEQs。在本章中,研究发现太湖沉积物微环境中的类二噁英多氯联苯有优先降解的现象,且在外加碳源的情况下,类二噁英多氯联苯的降解被进一步加快。表 6.6 是美国哈德逊河、格拉斯河和中国太湖沉积物微环境在反应进行 15 周时类二噁英多氯联苯 PCB 105 和 PCB 114 的浓度及相应的TEQs。从表中可以看出,太湖沉积物微环境降解类二噁英 PCB 105 和 PCB 114 的能力要强于美国哈德逊河和格拉斯河沉积物微环境。在反应进行 15 周后,太湖沉积物中的 TEQs 降低了约 80%。这一发现有利于对太湖沉积物中多氯联苯脱氯解毒作用的综合评价。在贫碳且本底重金属含量高的太湖沉积物中,具有更快去除类二噁英多氯联苯,减小生态毒性的能力。仅从二噁英毒性角度考虑则可以适当缩短修复多氯联苯污染的时间,从而降低成本。而外加碳源乙酸则可以进一步降低 TEQs,外加混合脂肪酸影响并不显著。

表 6.6　哈德逊河、格拉斯河和太湖沉积物微环境 TEQs 比较

沉积物	反应组	PCB 105 (mg/kg)	PCB 114 (mg/kg)	TEQs (pg/g 2,3,7,8-TCDD)
哈德逊河	H-1	4.47±0.55	0.35±0.08	144.6±18.1 (51.8%)*
格拉斯河	G-1	5.59±0.17	0.40±0.01	179.6±5.2 (40.1%)
太湖	T-1	1.72±0.44	0.11±0.02	55.1±13.8 (81.6%)
	T-1-AC	0.87±0.29	0.07±0.03	28.0±9.7 (90.7%)
	T-1-CS	0.99±0.59	0.08±0.04	32.1±18.8 (89.3%)

*:括号内百分数代表相对于所添加母体多氯联苯的毒性当量所降低的百分比

6.7 本章小结

本章探讨了 PCB *Mixture* 1 在太湖沉积物中的脱氯行为，并考察了 SO_4^{2-}、FeOOH、外加碳源等因素对多氯联苯脱氯的影响，得出如下结论：

（1）首次证明了多氯联苯脱氯在太湖沉积物中是可以进行的。

（2）在贫碳且本底 Fe 含量较高的太湖沉积物微环境中 FeOOH 的添加部分抑制了多氯联苯脱氯，但没有出现完全抑制现象。

（3）SO_4^{2-} 的添加抑制了太湖沉积物微环境中的多氯联苯脱氯，且抑制能力较 FeOOH 更强；在硫酸盐还原条件下对位脱氯相对较强。

（4）对于贫碳的太湖沉积物在反应初始补充碳源并不能有效提高脱氯效果。在补充了乙酸后发现反应滞后期缩短。碳源的补充对部分多氯联苯母体的降解有增强作用。外加碳源没有改变脱氯路径的种类，但改变了各脱氯路径的相对速率。

（5）太湖沉积物中类二噁英多氯联苯 PCB 105 和 PCB 114 的降解要快于历史上多氯联苯污染更为严重的美国哈德逊河和格拉斯河沉积物，表现出更强的解毒作用，从而有利于原位修复的进行。

结论与展望

结论

本研究同时运用多氯联苯单体化学分析和微生物群落分子生物学分析方法来描述环境样品和实验室微环境样品中的多氯联苯脱氯现象并阐释其规律,可以得出如下结论:

(1) 美国格拉斯河沉积龄超过 40 年的柱状沉积物中多氯联苯和微生物的研究显示多氯联苯脱氯现象在沉积物柱中普遍存在,并且下部(沉积时间长)的沉积物比上部(沉积时间较短)的沉积物多氯联苯脱氯的程度要高得多;同时首次找到了多氯联苯脱氯相关细菌 *Chloroflexi*, *Dehalococcoides* 和 *o-17/DF-1* 在柱状沉积物中存在的证据。该研究结果支持了多氯联苯的自然降解理论,有助于实现多氯联苯自然降解速率、效果的人工预测。

(2) 通过研究对比美国两条多氯联苯污染的典型河流哈德逊河和格拉斯河发现,在产甲烷条件下、硫酸盐还原条件下和铁还原条件下多氯联苯脱氯的速率、程度、经历的脱氯路径各不相同,微生物群落也有明显差异。本底中含有较高硫酸盐或三价铁的沉积物,在分别添加 SO_4^{2-} 或 FeOOH 后表现出较小的脱氯抑制性。说明沉积物自身的地球化学性质和脱氯密切相关,制订脱氯强化方案时需要充分考虑沉积物特性。

(3) 通过补充碳源/能量源可以迅速提高硫酸盐还原条件下格拉斯河沉积物微环境中的多氯联苯脱氯降解。

(4) 通过添加 FeOOH 可以促进格拉斯河沉积物微环境中毒性大的高氯代多氯联苯和类二噁英多氯联苯的快速降解。

(5) 在格拉斯河沉积物微环境中出现了稀有的邻位脱氯,且在电子供体乙酸或乙酸/丙酸/丁酸混合物充足的条件下,邻位脱氯作用可以得到有效地增强。说明起邻位脱氯作用的微生物是利用乙酸和/或丙酸、丁酸作为其优先电子供体和碳源。

（6）首次在实验室中验证了多氯联苯跟踪对可以用来指示多氯联苯脱氯。并证实 CTDPGs 模型中提出的拓展脱氯路径在实验室微环境条件下是实际存在的,从而丰富了脱氯历程理论。

（7）提出基于氯原子位置和脱氯类型的新型分析方法,可以较为便捷地阐释脱氯的类型/路径特征。

（8）在大部分情况下,随着多氯联苯脱氯反应的启动,脱氯菌 *Dehalococcoides* 出现选择性富集。可以考虑用 *Dehalococcoides/Bacteria* 作为脱氯启动的指示指标。

（9）在多氯联苯污染相对较轻,但有类二噁英多氯联苯存在的中国太湖沉积物中,多氯联苯脱氯可以进行,且类二噁英多氯联苯的降解速度超过了多氯联苯污染较重的美国哈德逊河和格拉斯河沉积物。

综上所述,无论是在天然沉积物还是在实验室沉积物微环境中,多氯联苯均可以通过微生物还原脱氯的方式实现降解,并且通过在沉积物中补充适当的化学物质如碳源、三价铁等可以有效加速目标多氯联苯的降解。本研究为监测自然衰减法微生物修复多氯联苯污染沉积物提供了科学依据和技术指导,具有较广泛的应用前景和实用价值。

展望

尽管在实验室沉积物微环境和沉积龄较长的天然沉积物柱中都观察到广泛的多氯联苯脱氯现象,还需要证实在河水和表层沉积物组成的泥浆中多氯联苯脱氯是可以进行的,这种状态的脱氯更接近于真实的监测自然衰减。为此,研究配制了由表层沉积物、河水以及 PCB *Mixture* 1 或 PCB *Mixture* 2 组成的沉积物微环境。由于河水中的营养物质有限,反应周期会大大延长。至今收集了 21 周、36 周和 51 周的样品。多氯联苯单体化学分析显示,在 21 周时多氯联苯脱氯已经启动,但脱氯速率、脱氯程度和脱氯路径较添加了营养液的沉积物微环境都有较大改变。考虑到在天然泥浆中的降解速率较低,实验考虑延长到 5 年至 10 年。为了更好地理解古细菌中的产甲烷菌在多氯联苯脱氯中起到的作用,研究设计了另一组实验。实验没有使用溴乙基磺酸来抑制产甲烷菌,而是通过三个冻融循环（−80℃ 和 37 ℃）来杀死大部分细菌。

同样经过 21 周的反应,多氯联苯脱氯可以启动。此时通过 qPCR 和顶空气体分析发现脱氯菌 *Dehalococcoides* 无检出,而产甲烷菌大量存在。因此可以部分推断产甲烷菌具备脱氯功能。为了考察长期脱氯的效果,实验同样预计延长到 5 到 10 年。

本研究中主要关注了一些常见的脱氯相关的微生物种群。结果显示,虽然哈德逊河和格拉斯河沉积物微环境中 *Dehalococcoides* 总体水平相差不大,但多氯联苯脱氯的速率、程度和路径都有很大差别,这意味着从较为保守的 16S rRNA 基因定量脱氯存在缺憾。因此,在后续的研究中将同步运用高通量测序和还原脱卤酶基因以及蛋白表达研究来深入探讨多氯联苯脱氯的机理。

参 考 文 献

［1］Mills S A, Thal D I, Barney J. A summary of the 209 PCB congener no-
menclature[J]. Chemosphere, 2007, 68(9): 1603-1612.

［2］Ballschmiter K, Zell M. Analysis of polychlorinated-biphenyls (PCB)
by glass-capillary gas-chromatography-composition of technical Aro-
clor-PCB and Clophen-PCB mixtures[J]. Fresenius Z. Anal. Chem. ,
1980, 302(1): 20-31.

［3］Guitart R, Puig P, Gomezcatalan J. Requirement for a Standardized No-
menclature Criterium for PCBs-Computer-Assisted Assignment of Cor-
rect Congener Denomination and Numbering[J]. Chemosphere, 1993,
27(8): 1451-1459.

［4］Schulte E, Malisch R. Calculation of the real PCB content in environ-
mental samples . 1. investigation of the composition of 2 technical PCB
mixtures[J]. Fresenius Z. Anal. Chem. , 1983, 314(6): 545-551.

［5］赵高峰. 电子垃圾中多氯联苯的环境转移和潜在的健康风险[D]. 武汉:
中国科学院水生生物研究所, 2006.

［6］Frame G M, Wagner R E, Carnahan J C, et al. Comprehensive, quanti-
tative, congener-specific analyses of eight aroclors and complete PCB
congener assignments on DB-1 capillary GC columns[J]. Chemosphere,
1996, 33(4): 603-623.

［7］Quensen J F, Mousa M A, Boyd S A, et al. Reduction of aryl hydrocar-
bon receptor-mediated activity of polychlorinated biphenyl mixtures due
to anaerobic microbial dechlorination[J]. Environ. Toxicol. Chem. ,
1998, 17(5): 806-813.

［8］Safe S. Polychlorinated-biphenyls (PCBs)-mutagenicity and carcinogenicity Mutat[J]. Res. ,1989,220(1): 31-47.

[9] Breivik K, Sweetman A, Pacyna J M, et al. Towards a global historical emission inventory for selected PCB congeners-a mass balance approach 1. Global production and consumption[J]. Sci. Total Environ. , 2002, 290(1-3): 181-198.

[10] Durfee R L, Contos G, Whitmore F C, et al. PCBs in the United States: Industrial use and environmental distribution[R]. Springfiled, VA: National Technical Information Service, 1976.

[11] Leisinger T. Microbial degradation of xenobiotics and recalcitrant compounds[M]. New York: Academic Press, 1981.

[12] EPA. Hudson River PCBs[M]. Washington D. C. : United States Environmental Protection Agency, 2009.

[13] Fu J M, Mai B X, Sheng G Y, et al. Persistent organic pollutants in environment of the Pearl River Delta, China: an overview[J]. Chemosphere, 2003, 52(9): 1411-1422.

[14] Xing Y, Lu Y, Dawson R W, et al. A spatial temporal assessment of pollution from PCBs in China [J]. Chemosphere, 2005, 60 (6): 731-739.

[15] Yang B, Zhou L L, Xue N D, et al. China action of "Cleanup Plan for Polychlorinated Biphenyls Burial Sites": Emissions during excavation and thermal desorption of a capacitor-burial site[J]. Ecotox. Environ. Safe. , 2013, 96: 231-237.

[16] Wu J P, Luo X J, Zhang Y, et al. Bioaccumulation of polybrominated diphenyl ethers (PBDEs) and polychlorinated biphenyls (PCBs) in wild aquatic species from an electronic waste (e-waste) recycling site in South China[J]. Environ. Int. , 2008, 34(8): 1109-1113.

[17] Wang H, Wang C X, Wu W Z, et al. Persistent organic pollutants in water and surface sediments of Taihu Lake, China and risk assessment [J]. Chemosphere, 2003, 50(4): 557-562.

[18] Xu Y, Wei S, Qin Q D, et al. AhR-mediated activities and compounds in sediments of Meiliang Bay, Taihu Lake, China determined by in vitro

bioassay and instrumental analysis [J]. RSC Adv., 2015, 5 (69): 55746-55755.

[19] Alder A C, Haggblom M M, Oppenhelmer S R, et al. Reductive dechlorination of polychlorinated - biphenyls in anaerobic sediments[J]. Environ. Sci. Technol., 1993, 27(3): 530-538.

[20] EPA. National Remedy Review Board Recommendations for the Grasse River Study Area[M]. Washington D. C. : United States Environmental Protection Agency, 2002.

[21] Agarwal S, Al-Abed S R, Dionysiou D D. Enhanced corrosion-based Pd/Mg bimetallic systems for dechlorination of PCBs[J]. Environ. Sci. Technol., 2007, 41(10): 3722-3727.

[22] Kong J S, Achari G, Langford C H. Dechlorination of polychlorinated biphenyls in transformer oil using UV and visible light[J]. J. Environ. Sci. Health Part A-Toxic/Hazard. Subst. Environ. Eng., 2013, 48 (1): 92-98.

[23] Yang B, Yu G, Huang J. Electrocatalytic hydrodechlorination of 2,4, 5-trichlorobiphenyl on a palladium-modified nickel foam cathode[J]. Environ. Sci. Technol., 2007, 41(21): 7503-7508.

[24] Brown J F, Bedard D L, Brennan M J, et al. Polychlorinated biphenyl dechlorination in aquatic sediments [J]. Science, 1987, 236 (4802): 709-712.

[25] Abramowicz D A. Aerobic and anaerobic biodegradation of PCBs-a review[J]. Crit. Rev. Biotechnol., 1990, 10(3): 241-249.

[26] Seeger M, Timmis K N, Hofer B. Bacterial pathways for the degradation of polychlorinated biphenyls [J]. Mar. Chem., 1997, 58 (3 - 4): 327-333.

[27] Bedard D L, Haberl M L. Influence of chlorine substuition pattern on the degradation of polychlorinated biphenyls by 8 bacterial strains[J]. Microb. Ecol., 1990, 20(2): 87-102.

[28] Abramowicz D A. Aerobic and anaerobic PCB biodegradation in the environment[J]. Environ. Health Perspect., 1995, 103: 97-99.

[29] Brown J F, Wagner R E, Bedard D L. PCB dechlorination in Hudson River sediment-reply[J]. Science, 1988, 240(4859): 1675-1676.

[30] Brown M P, Bush B, Rhee G Y, et al. PCB dechlorination in Hudson River sediment[J]. Science, 1988, 240(4859): 1674-1675.

[31] Bedard D L, J. F. III Quensen. Microbial reductive dechlorination of polychlorinated biphenyls[M]// Young L Y, Cerniglia G E. Microbial Transformation and Degradation of Toxic Organic Chemicals. New York: Wiley-Liss, Inc. , 1995: 127-216.

[32] Quensen J F, Tiedje J M, Boyd S A. Reductive dechlorination of poly-chlorinated-biphenyls by anaerobic microorganisms from sediments[J]. Science, 1988, 242(4879): 752-754.

[33] Pagano J J, Scrudato R J, Roberts R N, et al. Reductive dechlorination of PCB-contaminated sediments in an anaerobic bioreactor system[J]. Environ. Sci. Technol. , 1995, 29(10): 2584-2589.

[34] Wu Q Z, Sowers K R, May H D. Establishment of a polychlorinated bi-phenyl-dechlorinating microbial consortium, specific for doubly flanked chlorines, in a defined, sediment-free medium[J]. Appl. Environ. Mi-crobiol. , 2000, 66(1): 49-53.

[35] Chang B V, Liu W G, Yuan S Y. Microbial dechlorination of three PCB congeners in river sediment [J]. Chemosphere, 2001, 45 (6 - 7): 849-856.

[36] Hiraishi A, Sakamaki N, Miyakoda H, et al. Estimation of "Dehalococ-coides" populations in lake sediment contaminated with low levels of polychlorinated dioxins[J]. Microb. Environ. , 2005, 20(4): 216-226.

[37] Rysavy J P, Yan T, Novak P J. Enrichment of anaerobic polychlorinat-ed biphenyl dechlorinators from sediment with iron as a hydrogen source [J]. Water Res. , 2005, 39(4): 569-578.

[38] Yan T, LaPara T M, Novak P J. The reductive dechlorination of 2,3, 4,5-tetrachlorobiphenyl in three different sediment cultures: evidence for the involvement of phylogenetically similar Dehalococcoides - like bacterial populations [J]. Fems Microbiol. Ecol. , 2006, 55 (2):

248-261.

[39] Fagervold S K, May H D, Sowers K R. Microbial reductive dechlorination of aroclor 1260 in Baltimore Harbor sediment microcosms is catalyzed by three phylotypes within the phylum Chloroflexi[J]. Appl. Environ. Microbiol. , 2007, 73(9): 3009-3018.

[40] Park J W, Krumins V, Kjellerup B V, et al. The effect of co-substrate activation on indigenous and bioaugmented PCB dechlorinating bacterial communities in sediment microcosms[J]. Appl. Microbiol. Biotechnol. , 2011, 89(6): 2005-2017.

[41] Ho C H, Liu S M. Impact of coplanar PCBs on microbial communities in anaerobic estuarine sediments[J]. J. Environ. Sci. Health Part B-Pestic. Contam. Agric. Wastes, 2012, 45(5): 437-448.

[42] Xu Y, Yu Y, Gregory K B, et al. Comprehensive assessment of bacterial communities and analysis of PCB congeners in PCB-contaminated sediment with depth [J]. J. Environ. Eng. - ASCE, 2012, 138 (12): 1167-1178.

[43] Zanaroli G, Balloi A, Negroni A, et al. A Chloroflexi bacterium dechlorinates polychlorinated biphenyls in marine sediments under in situ-like biogeochemical conditions [J]. J. Hazard. Mater. , 2012, 209: 449-457.

[44] Kjellerup B V, Naff C, Edwards S J, et al. Effects of activated carbon on reductive dechlorination of PCBs by organohalide respiring bacteria indigenous to sediments[J]. Water Res. , 2014, 52: 1-10.

[45] Bedard D L. A case study for microbial biodegradation: Anaerobic bacterial reductive dechlorination of polychlorinated biphenyles-from sediment to defined medium [J]. Ann. Rev. Microbiol. , 2008, 62: 253-270.

[46] Sowers K R, May H D. In situ treatment of PCBs by anaerobic microbial dechlorination in aquatic sediment: are we there yet? [J]. Curr. Opin. Biotechnol. , 2013, 24(3): 482-488.

[47] Karcher S C. Statistical Method for Polychlorinated Biphenyl Dechlori-

nation Modeling and Pathway Analysis[D]. Pittsburgh: Carnegie Mellon, 2005.

[48] Vandort H M, Bedard D L. Reductive ortho-dechlorination and meta-dechlorination of a polychlorinated biphenyl congener by anaerobic microorganisms [J]. Appl. Environ. Microbiol., 1991, 57 (5): 1576-1578.

[49] Berkaw M, Sowers K R, May H D. Anaerobic ortho dechlorination of polychlorinated biphenyls by estuarine sediments from Baltimore Harbor[J]. Appl. Environ. Microbiol., 1996, 62(7): 2534-2539.

[50] Wu Q Z, Bedard D L, Wiegel J. Effect of incubation temperature on the route of microbial reductive dechlorination of 2,3,4,6-tetrachlorobiphenyl in polychlorinated biphenyl (PCB)-contaminated and PCB-free freshwater sediments[J]. Appl. Environ. Microbiol., 1997, 63(7): 2836-2843.

[51] Cutter L, Sowers K R, May H D. Microbial dechlorination of 2,3,5,6-tetrachlorobiphenyl under anaerobic conditions in the absence of soil or sediment[J]. Appl. Environ. Microbiol., 1998, 64(8): 2966-2969.

[52] Kuipers B, Cullen W R, Mohn W W. Reductive dechlorination of nonachlorobiphenyls and selected octachlorobiphenyls by microbial enrichment cultures[J]. Environ. Sci. Technol., 1999, 33(20): 3579-3585.

[53] Brown J F, Wagner R E, Feng H, et al. Environmental dechlorination of PCBs[J]. Environ. Toxicol. Chem., 1987, 6(8): 579-593.

[54] Bedard D L, VanDort H M, May R J, et al. Enrichment oil microorganisms that sequentially meta, para-dechlorinate the residue of Aroclor 1260 in Housatonic River sediment[J]. Environ. Sci. Technol., 1997, 31(11): 3308-3313.

[55] Quensen J F, Boyd S A, Tiedje J M. Dechlorination of 4 commercial polychlorinated biphenyl mixtures (Aroclors) by anaerobic microorganisms from sediments [J]. Appl. Environ. Microbiol., 1990, 56 (8): 2360-2369.

[56] VanDort H M, Smullen L A, May R J, et al. Priming microbial meta-

dechlorination of polychlorinated biphenyls that have persisted in Housatonic River sediments for decades[J]. Environ. Sci. Technol. , 1997, 31(11): 3300-3307.

[57] Wu Q Z, Bedard D L, Wiegel J. Temperature determines the pattern of anaerobic microbial dechlorination of Aroclor 1260 primed by 2,3,4,6-tetrachlorobiphenyl in Woods Pond sediment[J]. Appl. Environ. Microbiol. , 1997, 63(12): 4818-4825.

[58] Bedard D L, Pohl E A, Bailey J J, et al. Characterization of the PCB substrate range of microbial dechlorination process LP[J]. Environ. Sci. Technol. , 2005, 39(17): 6831-6838.

[59] Hughes A S, Vanbriesen J M, Small M J. Identification of structural properties associated with polychlorinated biphenyl dechlorination processes[J]. Environ. Sci. Technol. , 2010, 44(8): 2842-2848.

[60] Wiegel J, Wu Q Z. Microbial reductive dehalogenation of polychlorinated biphenyls[J]. Fems Microbiol. Ecol. , 2000, 32(1): 1-15.

[61] Fennell D E, Nijenhuis I, Wilson S F, et al. Dehalococcoides ethenogenes strain 195 reductively dechlorinates diverse chlorinated aromatic pollutants[J]. Environ. Sci. Technol. , 2004, 38(7): 2075-2081.

[62] Löffler F E, Cole J R, Ritalahti K M, et al. Diversity of dechlorointing bacteria[M]// Häggblom M B, Bossert I D. Dehalogenation: microbial processes and environmental applications. Boston: Kluwer Academic. , 2003: 53-87.

[63] Rhee G Y, Bush B, Bethoney C M, et al. Anaerobic dechlorination of Aroclor 1242 as affected by some environmental-conditions[J]. Environ. Toxicol. Chem. , 1993, 12(6): 1033-1039.

[64] Assafanid N, Nies L, Vogel T M. Reductive Dechlorination of a Polychlorinated Biphenyl Congener and Hexachlorobenzene by Vitamin-B12[J]. Appl. Environ. Microbiol. , 1992, 58(3): 1057-1060.

[65] Rhee G Y, Sokol R C, Bethoney C M, et al. Dechlorination of polychlorinated-biphenyls by Hudson River sediment organisms-specificity to the chlorination pattern of congeners [J]. Environ. Sci. Technol. ,

1993, 27(6): 1190-1192.

[66] Adrian L, Dudkova V, Demnerova K, et al. "Dehalococcoides" sp strain CBDB1 extensively dechlorinates the commercial polychlorinated biphenyl mixture Aroclor 1260[J]. Appl. Environ. Microbiol. , 2009, 75(13): 4516-4524.

[67] Pulliam Holoman T R, Elberson M A, Cutter L A, et al. Characterization of a defined 2,3,5,6-tetrachlorobiphenyl-ortho-dechlorinating microbial community by comparative sequence analysis of genes coding for 16S rRNA[J]. Appl. Environ. Microbiol. , 1998, 64(9): 3359-3367.

[68] Cutter L A, Watts J E M, Sowers K R, et al. Identification of a microorganism that links its growth to the reductive dechlorination of 2,3,5, 6-chlorobiphenyl[J]. Envrion. Microbiol. , 2001, 3(11): 699-709.

[69] Wu Q Z, Watts J E M, Sowers K R, et al. Identification of a bacterium that specifically catalyzes the reductive dechlorination of polychlorinated biphenyls with doubly flanked chlorines[J]. Appl. Environ. Microbiol. , 2002, 68(2): 807-812.

[70] May H D, Miller G S, Kjellerup B V, et al. Dehalorespiration with polychlorinated biphenyls by an anaerobic ultramicrobacterium[J]. Appl. Environ. Microbiol. , 2008, 74(7): 2089-2094.

[71] Laroe S L, Fricker A D, Bedard D L. Dehalococcoides mccartyi Strain JNA in pure culture extensively dechlorinates Aroclor 1260 according to polychlorinated biphenyl (PCB) dechlorination Process N[J]. Environ. Sci. Technol. , 2014, 48(16): 9187-9196.

[72] Wang S Q, He J Z. Phylogenetically distinct bacteria involve extensive dechlorination of Aroclor 1260 in sediment-free cultures[J]. PLoS One, 2013, 8(3): 12.

[73] Wang S Q, Chng K R, Wilm A, et al. Genomic characterization of three unique Dehalococcoides that respire on persistent polychlorinated biphenyls [J]. Proc. Natl. Acad. Sci. U. S. A. , 2014, 111 (33): 12103-12108.

[74] Hendrickson E R, Payne J A, Young R M, et al. Molecular analysis of

Dehalococcoides 16S ribosomal DNA from chloroethene-contaminated sites throughout north America and Europe[J]. Appl. Environ. Microbiol. , 2002, 68(2): 485-495.

[75] Duhamel M, Mo K, Edwards E A. Characterization of a highly enriched Dehalococcoides-containing culture that grows on vinyl chloride and trichloroethene [J]. Appl. Environ. Microbiol. , 2004, 70 (9): 5538-5545.

[76] He J Z, Ritalahti K M, Aiello M R, et al. Complete detoxification of vinyl chloride by an anaerobic enrichment culture and identification of the reductively dechlorinating population as a Dehalococcoides species[J]. Appl. Environ. Microbiol. , 2003, 69(2): 996-1003.

[77] Ritalahti K M, Amos B K, Sung Y, et al. Quantitative PCR targeting 16S rRNA and reductive dehalogenase genes simultaneously monitors multiple Dehalococcoides strains[J]. Appl. Environ. Microbiol. , 2006, 72(4): 2765-2774.

[78] Holscher T, Krajmalnik-Brown R, Ritalahti K M, et al. Multiple nonidentical reductive-dehalogenase-homologous genes are common in Dehalococcoides [J]. Appl. Environ. Microbiol. , 2004, 70 (9): 5290-5297.

[79] Tiedje J M, Iii J F Q, Chee-Sanford J, et al. Microbial reductive dechlorination of PCBs[J]. Biodegradation, 1993, 4(4): 231-240.

[80] Wu Q Z, Bedard D L, Wiegel J. Influence of incubation temperature on the microbial reductive dechlorination of 2,3,4,6-tetrachlorobiphenyl in two freshwater sediments[J]. Appl. Environ. Microbiol. , 1996, 62 (11): 4174-4179.

[81] Wu Q Z, Bedard D L, Wiegel J. Influence of incubation temperature on the microbial reductive dechlorination of 2,3,4,6-tetrachlorobiphenyl in two freshwater sediments[J]. Appl. Environ. Microbiol. , 1997, 63 (2): 815-815.

[82] Chuang K S. Anaerobic transformation of polyhalogenated biphenyls in freshwater sediments from Woods Pond [D]. Athens: University of

Georgia，1995.

[83] Jota M A, Hassett J P. Effects of environmental variables on binding of a PCB congener by dissolved humic substances[J]. Environ. Toxicol. Chem. , 1991, 10(4): 483-491.

[84] May H D, Boyle A W, Price W A, et al. Subculturing of a polychlorinated biphenyl-dechlorinating anaerobic enrichment on solid media[J]. Appl. Environ. Microbiol. , 1992, 58(12): 4051-4054.

[85] Morris P J, Mohn W W, Quensen J F, et al. Establishment of a polychlorinated biphenyl-degrading enrichment culture with predominantly meta dechlorination [J]. Appl. Environ. Microbiol. , 1992, 58 (9): 3088-3094.

[86] Kjellerup B V, Sun X L, Ghosh U, et al. Site-specific microbial communities in three PCB-impacted sediments are associated with different in situ dechlorinating activities[J]. Envrion. Microbiol. , 2008, 10(5): 1296-1309.

[87] Yan T, LaPara T M, Novak P J. The effect of varying levels of sodium bicarbonate on polychlorinated biphenyl dechlorination in Hudson River sediment cultures[J]. Envrion. Microbiol. , 2006, 8(7): 1288-1298.

[88] Nies L, Vogel T M. Effects of organic substrates on dechlorination of Aroclor 1242 in anaerobic sediments[J]. Appl. Environ. Microbiol. , 1990, 56(9): 2612-2617.

[89] Krumins V, Park J W, Son E K, et al. PCB dechlorination enhancement in Anacostia River sediment microcosms[J]. Water Res. , 2009, 43(18): 4549-4558.

[90] Watts J E M, Fagervold S K, May H D, et al. A PCR-based specific assay reveals a population of bacteria within the Chloroflexi associated with the reductive dehalogenation of polychlorinated biphenyls[J]. Microbiology-Sgm, 2005, 151: 2039-2046.

[91] Cho Y C, Oh K H. Effects of sulfate concentration on the anaerobic dechlorination of polychlorinated biphenyls in estuarine sediments[J]. J. Microbiol. , 2005, 43(2): 166-171.

[92] Wei N, Finneran K T. Influence of ferric iron on complete dechlorination of trichloroethylene (TCE) to ethene: Fe(III) reduction does not always inhibit complete dechlorination[J]. Environ. Sci. Technol., 2011, 45(17): 7422-7430.

[93] Sokol R C, Bethoney C M, Rhee G Y. Effect of hydrogen on the pathway and products of PCB dechlorination[J]. Chemosphere, 1994, 29(8): 1735-1742.

[94] Zanaroli G, Negroni A, Vignola M, et al. Enhancement of microbial reductive dechlorination of polychlorinated biphenyls (PCBs) in a marine sediment by nanoscale zerovalent iron (NZVI) particles[J]. J. Chem. Technol. Biotechnol., 2012, 87(9): 1246-1253.

[95] Zwiernik M J, Quensen J F, Boyd S A. FeSO4 amendments stimulate extensive anaerobic PCB dechlorination[J]. Environ. Sci. Technol., 1998, 32(21): 3360-3365.

[96] Ye D Y, Quensen J F, Tiedje J M, et al. Evidence for para dechlorination of polychlorobipenyls by methanogeic bacteria[J]. Appl. Environ. Microbiol., 1995, 61(6): 2166-2171.

[97] Cho Y C, Ostrofsky E B, Sokol R C, et al. Enhancement of microbial PCB dechlorination by chlorobenzoates, chlorophenols and chlorobenzenes[J]. Fems Microbiol. Ecol., 2002, 42(1): 51-58.

[98] Karcher S C, Small M J, Vanbriesen J M. Statistical method to evaluate the occurrence of PCB transformations in river sediments with application to Hudson River data[J]. Environ. Sci. Technol., 2004, 38(24): 6760-6766.

[99] Payne R B, May H D, Sowers K R. Enhanced reductive dechlorination of polychlorinated biphenyl impacted sediment by bioaugmentation with a dehalorespiring bacterium[J]. Environ. Sci. Technol., 2012, 45(20): 8772-8779.

[100] Yan T, LaPara T M, Novak P J. The impact of sediment characteristics on polychlorinated biphenyl-dechlorinating cultures: Implications for bioaugmentation[J]. Bioremediat. J., 2006, 10(4): 143-151.

[101] Sokol R C, Bethoney C M, Rhee G Y. Effect of Aroclor 1248 concentration on the rate and extent of polychlorinated biphenyl dechlorination[J]. Environ. Toxicol. Chem., 1998, 17(10): 1922-1926.

[102] Fagervold S K, Watts J E M, May H D, et al. Sequential reductive dechlorination of meta-chlorinated polychlorinated biphenyl congeners in sediment microcosms by two different Chloroflexi phylotypes[J]. Appl. Environ. Microbiol., 2005, 71(12): 8085-8090.

[103] Bzdusek P A, Christensen E R, Lee C M, et al. PCB congeners and dechlorination in sediments of Lake Hartwell, South Carolina, determined from cores collected in 1987 and 1998[J]. Environ. Sci. Technol., 2006, 40(1): 109-119.

[104] Imamoglu I, Li K, Christensen E R, et al. Sources and dechlorination of polychlorinated biphenyl congeners in the sediments of Fox River, Wisconsin[J]. Environ. Sci. Technol., 2004, 38(9): 2574-2583.

[105] Iozza S, Muller C E, Schmid P, et al. Historical profiles of chlorinated paraffins and polychlorinated biphenyls in a dated sediment core from Lake Thun (Switzerland)[J]. Environ. Sci. Technol., 2008, 42 (4): 1045-1050.

[106] ALCOA. Comprehensive characterization of PCBs in the Lower Grasse River[R]. New York, 1999.

[107] Brenner R C, Magar V S, Ickes J A, et al. Long-term recovery of PCB-contaminated surface sediments at the Sangamo-Weston/ Twelvemile Creek/Lake Hartwell superfund site[J]. Environ. Sci. Technol., 2004, 38(8): 2328-2337.

[108] Coffin R, Hamdan L, Plummer R, et al. Analysis of methane and sulfate flux in methane-charged sediments from the Mississippi Canyon, Gulf of Mexico[J]. Mar. Petrol. Geol., 2008, 25(9): 977-987.

[109] Mazumdar A, Paropkari A L, Borole D V, et al. Pore-water sulfate concentration profiles of sediment cores from Krishna-Godavari and Goa basins, India[J]. Geochem. J., 2007, 41(4): 259-269.

[110] Muyzer G, Dewaal E C, Uitterlinden A G. Profiling of complex micro-

bial populations by denaturing gradient gel electrophoresis analysis of polymerase chain reaction-amplified genes coding for 16S rRNA[J]. Appl. Environ. Microbiol. , 1993, 59(3): 695-700.

[111] Relman D. Universal bacterial 16S rDNA amplification and sequencing. [M]// Persing D H, Smith T F, Tenover F C, et al. Diagnostic Medical Microbiology: Principles and Applications. Washington: American Society for Microbiology, 1993.

[112] Lane D L. 16S/23S rRNA sequencing[M]// Stackebrandt E, Goodfellow M N. Nucleic Acid Techniques in Bacterial Systematics. Chichester Wiley. 1991: 115-147.

[113] Yu Y, Lee C, Kim J, et al. Group-specific primer and probe sets to detect methanogenic communities using quantitative real-time polymerase chain reaction[J]. Biotechnol. Bioeng. , 2005, 89(6): 670-679.

[114] Edwards U, Rogall T, Blocker H, et al. Isolation and direct complete nucleotide determination of entire genes. Characterization of a gene coding for 16S ribosomal RNA[J]. Nucleic Acids Res. , 1989, 17(19): 7843-7853.

[115] Scheid D, Stubner S. Structure and diversity of Gram - negative sulfate-reducing bacteria on rice roots[J]. Fems Microbiol. Ecol. , 2001, 36(2-3): 175-183.

[116] Kjeldsen K U, Loy A, Jakobsen T F, et al. Diversity of sulfate-reducing bacteria from an extreme hypersaline sediment, Great Salt Lake (Utah)[J]. Fems Microbiol. Ecol. , 2007, 60(2): 287-298.

[117] Bedard D L, Bailey J J, Reiss B L, et al. Development and characterization of stable sediment-free anaerobic bacterial enrichment cultures that dechlorinate Aroclor 1260[J]. Appl. Environ. Microbiol. , 2006, 72(4): 2460-2470.

[118] Kittelmann S, Friedrich M W. Identification of novel perchloroethene-respiring microorganisms in anoxic river sediment by RNA-based stable isotope probing[J]. Environ. Microbiol. , 2008, 10(1): 31-46.

[119] Lovley D R, Giovannoni S J, White D C, et al. Geobacter-metalliredu-

cens gen-nov sp-nov, a microorganism capable of coupling the complete oxidation of organic-compounds to the reduction of iron and other metals[J]. Arch. Microbiol. , 1993, 159(4): 336-344.

[120] Snoeyenbos-West O, Van Praagh C G, Lovley D R. Trichlorobacter thiogenes should be renamed as a Geobacter species[J]. Appl. Environ. Microbiol. , 2001, 67(2): 1020-1021.

[121] Page R D M. TreeView: An application to display phylogenetic trees on personal computers [J]. Comput. Appl. Biosci. , 1996, 12 (4): 357-358.

[122] Thompson J D, Gibson T J, Plewniak F, et al. The CLUSTAL_X windows interface: flexible strategies for multiple sequence alignment aided by quality analysis tools[J]. Nucleic Acids Res. , 1997, 25(24): 4876-4882.

[123] Krzmarzick M J, Crary B B, Harding J J, et al. Natural niche for organohalide-respiring Chloroflexi[J]. Appl. Environ. Microbiol. , 2012, 78(2): 393-401.

[124] Frame G M, Cochran J W, Bowadt S S. Complete PCB congener distributions for 17 aroclor mixtures determined by 3 HRGC systems optimized for comprehensive, quantitative, congener-specific analysis[J]. HRC-J. High Resolut. Chromatogr. , 1996, 19(12): 657-668.

[125] EPA. Phase II reassessment: Data evaluation and interpretation report for the Hudson River PCB superfund site[R]. Washington DC: U. S. EPA, 1997.

[126] Pakdeesusuk U, Lee C M, Coates J T, et al. Assessment of natural attenuation via in situ reductive dechlorination of polychlorinated bipheny is in sediments of the twelve mile creek arm of Lake Hartwell, SC[J]. Environ. Sci. Technol. , 2005, 39(4): 945-952.

[127] Sokol R C, Kwon O S, Bethoney C M, et al. Reductive dechlorination of polychlorinated-biphenyls in St-Lawrence-River sediments and variations in dechlorination characteristics[J]. Environ. Sci. Technol. , 1994, 28(12): 2054-2064.

[128] Rhee G Y, Cho Y C, Ostrofsky E B. Microbial Degradation of PCBs in Contaminated Sediments [J]. Remediation Journal, 1999, 10 (1): 69-82.

[129] Wu Q Z, Wiegel J. Two anaerobic polychlorinated biphenyl-dehalogenating enrichments that exhibit different para-dechlorination specificities[J]. Appl. Environ. Microbiol. , 1997, 63(12): 4826-4832.

[130] Cho Y C, Sokol R C, Frohnhoefer R C, et al. Reductive dechlorination of polychlorinated biphenyls: Threshold concentration and dechlorination kinetics of individual congeners in aroclor 1248[J]. Environ. Sci. Technol. , 2003, 37(24): 5651-5656.

[131] Fava F, Gentilucci S, Zanaroli G. Anaerobic biodegradation of weathered polychlorinated biphenyls (PCBs) in contaminated sediments of Porto Marghera (Venice Lagoon, Italy)[J]. Chemosphere, 2003, 53 (2): 101-109.

[132] Zanaroli G, Perez-Jimenez J R, Young L Y, et al. Microbial reductive dechlorination of weathered and exogenous co-planar polychlorinated biphenyls (PCBs) in an anaerobic sediment of Venice Lagoon[J]. Biodegradation, 2006, 17(2): 19-27.

[133] Holmer M, Kristensen E. Coexistence of sulfate reduction and methane production in an organic-rich sediment[J]. Mar. Ecol. - Prog. Ser. , 1994, 107(1-2): 177-184.

[134] Oremland R S, Marsh L M, Polcin S. Methane production and simultaneous sulfate reduction in anoxic, salt-marsh sediments[J]. Nature, 1982, 296(5853): 143-145.

[135] Winfrey M R, Ward D M. Substrates for sulfate reduction and methane proction in intertidal sediments[J]. Appl. Environ. Microbiol. , 1983, 45(1): 193-199.

[136] Lovley D R, Dwyer D F, Klug M J. Kinetic-analyisis of competition between sulfate reducers and methanogens for hydrogen in sediments [J]. Appl. Environ. Microbiol. , 1982, 43(6): 1373-1379.

[137] Lovley D R, Phillips E J P. Competitive mechanisms for inhibtion of

sulfate reduction and methane production in the zone of ferric iron reduction in sediments[J]. Appl. Environ. Microbiol. , 1987, 53(11): 2636-2641.

[138] Winfrey M R, Zeikus J G. Effect of sulfate on carbon and electron flow during microbial methanogenesis in freshwater sediments[J]. Appl. Environ. Microbiol. , 1977, 33(2): 275-281.

[139] Krumholz L R. Desulfuromonas chloroethenica sp. nov. uses tetrachloroethylene and trichloroethylene as electron acceptors[J]. Int. J. Syst. Bacteriol. , 1997, 47(4): 1262-1263.

[140] Krumholz L R, Sharp R, Fishbain S S. A freshwater anaerobe coupling acetate oxidation to tetrachloroethylene dehalogenation[J]. Appl. Environ. Microbiol. , 1996, 62(11): 4108-4113.

[141] Sung Y, Fletcher K F, Ritalaliti K M, et al. Geobacter lovleyi sp nov strain SZ, a novel metal-reducing and tetrachloroethene-dechlorinating bacterium[J]. Appl. Environ. Microbiol. , 2006, 72(4): 2775-2782.

[142] Sung Y, Ritalahti K M, Sanford R A, et al. Characterization of two tetrachloroethene-reducing, acetate-oxidizing anaerobic bacteria and their description as Desulfuromonas michiganensis sp nov[J]. Appl. Environ. Microbiol. , 2003, 69(5): 2964-2974.

[143] Bond D R, Lovley D R. Reduction of Fe(III) oxide by methanogens in the presence and absence of extracellular quinones[J]. Envrion. Microbiol. , 2002, 4(2): 115-124.

[144] Lovley D R. Organic-matter mineralization with the reduction of ferric iron-a review[J]. Geomicrobiol. J. , 1987, 5(3-4): 375-399.

[145] Roden E E, Wetzel R G. Organic carbon oxidation and suppression of methane production by microbial Fe(III) oxide reduction in vegetated and unvegetated freshwater wetland sediments[J]. Limnol. Oceanogr. , 1996, 41(8): 1733-1748.

[146] Roden E E, Wetzel R G. Competition between Fe(III)-reducing and methanogenic bacteria for acetate in iron-rich freshwater sediments [J]. Microb. Ecol. , 2003, 45(3): 252-258.

[147] Van Bodegom P M, Scholten J C M, Stams A J M. Direct inhibition of methanogenesis by ferric iron[J]. Fems Microbiol. Ecol., 2004, 49 (2): 261-268.

[148] Conrad R. Contribution of hydrogen to methane production and control of hydrogen concentrations in methanogenic soils and sediments[J]. Fems Microbiol. Ecol., 1999, 28(3): 193-202.

[149] Lovley D R, Phillips E J P. Organic-matter mineralization with reduction of ferric iron in anaerobic sediments[J]. Appl. Environ. Microbiol., 1986, 51(4): 683-689.

[150] Lovley D R, Phillips E J P. Availability of ferric iron for microbial reduction in bottom sediments of the fresh-water tidal Potomac River [J]. Appl. Environ. Microbiol., 1986, 52(4): 751-757.

[151] Coleman M L, Hedrick D B, Lovley D R, et al. Reduction of Fe(III) in sediments by sulphate-reducing bacteria[J]. Nature, 1993, 361 (6411): 436-438.

[152] Herbich J B. Handbook of Dredging Engineering[M]. 2nd Edition. New York: McGraw-Hill, 2000.

[153] Luef B, Fakra S C, Csencsits R, et al. Iron-reducing bacteria accumulate ferric oxyhydroxide nanoparticle aggregates that may support planktonic growth[J]. Isme J., 2013, 7(2): 338-350.

[154] He J, Sung Y, Krajmalnik-Brown R, et al. Isolation and characterization of Dehalococcoides sp strain FL2, a trichloroethene (TCE)- and 1, 2-dichloroethene-respiring anaerobe[J]. Environ. Microbiol., 2005, 7(9): 1442-1450.

[155] Cord-Ruwisch R, Lovley D R, Schink B. Growth of Geobacter sulfurreducens with acetate in syntrophic cooperation with hydrogen-oxidizing anaerobic partners[J]. Appl. Environ. Microbiol., 1998, 64 (6): 2232-2236.

[156] Galushko A S, Schink B. Oxidation of acetate through reactions of the citric acid cycle by Geobacter sulfurreducens in pure culture and in syntrophic coculture[J]. Arch. Microbiol., 2000, 174(5): 314-321.

[157] Mahadevan R, Bond D R, Butler J E, et al. Characterization of metabolism in the Fe(III)-reducing organism Geobacter sulfurreducens by constraint-based modeling[J]. Appl. Environ. Microbiol. , 2006, 72 (2): 1558-1568.

[158] Van den Berg M, Birnbaum L, Bosveld A T C, et al. Toxic equivalency factors (TEFs) for PCBs, PCDDs, PCDFs for humans and wildlife [J]. Environ. Health Perspect. , 1998, 106(12): 775-792.

[159] Van den Berg M, Birnbaum L S, Denison M, et al. The 2005 World Health Organization reevaluation of human and mammalian toxic equivalency factors for dioxins and dioxin-like compounds[J]. Toxicol. Sci. , 2006, 93(2): 223-241.

[160] Chen F Z, Song X L, Hu Y H, et al. Water quality improvement and phytoplankton response in the drinking water source in Meiliang Bay of Lake Taihu, China[J]. Ecol. Eng. , 2009, 35(11): 1637-1645.

[161] Mo Z, Wang Z, Wang H, et al. Persistent organic pollutants in water and surface sediments of Taihu Lake, China and risk assessment[J]. Chemosphere, 2003, 50(4): 557-562.

[162] Zeng J, Yang L, Wang X, et al. Metal accumulation in fish from different zones of a large, shallow freshwater lake[J]. Ecotoxicology & Environmental Safety, 2012, 86(4): 116-124.

[163] 陈燕燕, 尹颖, 王晓蓉, 等. 太湖表层沉积物中 PAHs 和 PCBs 的分布及风险评价[J]. 中国环境科学, 2009, 29(2): 118-124.

[164] 袁和忠, 沈吉, 刘恩峰. 太湖重金属和营养盐污染特征分析[J]. 环境科学, 2011, 32(3): 649-657.

[165] Zhang Q H, Jiang G B. Polychlorinated dibenzo-p-dioxins/furans and polychlorinated biphenyls in sediments and aquatic organisms from the Taihu Lake, China[J]. Chemosphere, 2005, 61(3): 314-322.

[166] 李国刚, 李红莉. 持久性有机污染物在中国的环境监测现状[J]. 中国环境监测, 2004, 20(4): 53-60.

[167] Tao Y Q, Yao S C, Xue B, et al. Polycyclic aromatic hydrocarbons in surface sediments from drinking water sources of Taihu Lake, China:

sources, partitioning and toxicological risk[J]. J. Environ. Monit. , 2010, 12(12): 2282-2289.

[168] 袁旭音，王禹，陈骏，等. 太湖沉积物中有机氯农药的残留特征及风险评估[J]. 环境科学，2003, 24(1): 121-125.

[169] 聂明华，杨毅，刘敏，等. 太湖流域水源地悬浮颗粒物中的 PAH、OCP 和 PCB[J]. 中国环境科学，2011, 31(8): 1347-1354.

[170] Xia J, Su G Y, Zhang X W, et al. Dioxin-like activity in sediments from Tai Lake, China determined by use of the H4IIE-luc bioassay and quantification of individual AhR agonists[J]. Environ. Sci. Pollut. Res. , 2014, 21(2): 1480-1488.

[171] Rittmann B E, McCarty P L. Environmental Biotechnology: Principles and Applications [M]. New York: McGraw - Hill Companies, Inc, 2001.